DIANHUAXUE CHUNENG DIANZHAN
DIANXING SHEJI

电化学储能电站
典型设计

国网江苏省电力有限公司经济技术研究院　组编

中国电力出版社
CHINA ELECTRIC POWER PRESS

本书分为总论、电化学储能电站典型设计导则、电化学储能电站典型设计方案及实例共 3 篇。第 1 篇主要介绍电化学储能电站典型设计的编写原则、内容、特点和依据，以及本典型设计的技术方案及使用说明；第 2 篇由总及分地介绍了电化学储能电站系统部分、电气一次部分、二次系统、土建部分、消防部分等专业的设计要求；第 3 篇主要就全户外、半户内两种布置类型进行方案比较，并以江苏省储能电站实际工程中的某 16MW/32MWh 储能电站、某 110.88MW/193.6MWh 储能电站和某 15MW/45MWh 梯次储能电站作为设计实例工程作详解。

本书适用于从事电网侧电化学储能电站设计人员，亦可供非电网侧储能电站的设计、建设和相关技术研究人员参考。

图书在版编目（CIP）数据

电化学储能电站典型设计 / 国网江苏省电力有限公司经济技术研究院组编 . —北京：中国电力出版社，2020.10（2024.11重印）

ISBN 978-7-5198-4676-3

Ⅰ. ①电… Ⅱ. ①国… Ⅲ. ①电化学—储能—电站—设计 Ⅳ. ① TM62

中国版本图书馆 CIP 数据核字（2020）第 085193 号

出版发行：中国电力出版社
地　　址：北京市东城区北京站西街 19 号
邮政编码：100005
网　　址：http://www.cepp.sgcc.com.cn
责任编辑：崔素媛（010-63412392）
责任校对：黄　蓓　马　宁
装帧设计：张俊霞
责任印制：杨晓东

印　　刷：北京天泽润科贸有限公司
版　　次：2020 年 10 月第一版
印　　次：2024 年 11 月北京第六次印刷
开　　本：880 毫米 ×1230 毫米　横 16 开本
印　　张：5.25　5 插页
字　　数：205 千字
定　　价：79.00 元

编 委 会

主　编　张　澄　郭　莉

副主编　孙建龙　胡亚山　黄俊辉　吴　强

参　编（按姓氏笔画排序）

丁静鹄　王庭华　王　球　王　俊　王青山　王　琼　王　鑫　王　洋　马龙鹏　田方媛

兰　芳　李　妍　李国文　李中烜　李泽森　安增军　朱　寰　刘　浩　刘国静　张　群

张琦兵　张　旺　何大瑞　周洪伟　吴　倩　吴静云　侍　成　陈　淳　陈俊杰　邹　盛

罗宇超　范逸斐　范子恺　宗炫君　郑嘉琪　姚丽娟　郝雨辰　徐春雷　姜雪松　诸晓骏

徐　尧　黄　峥　崔厚坤　曹程杰　韩　笑　储方舟　雷　震　缪　芸　潘文婕　薄　鑫

前　言

　　随着特高压跨区域联网工程的持续推进，以及风电、光伏等新能源规模化快速发展，传统电网现有的调节能力在面对极端天气调峰、大直流单极闭锁故障，以及大规模新能源并网消纳等矛盾时愈发捉襟见肘，电网面临新的系统安全、灵活调度等方面的挑战。储能作为一种灵活性调节资源，可以有效提升电力系统的调节能力，为解决电网备用不足、新能源消纳等问题提供了一种行之有效的新思路。以储能技术为先导，构建以电能为核心的"安全、经济、高效、低碳、共享"的综合能源体系，成为未来二十年我国落实"能源革命"战略的必由之路。

　　储能规模化利用是构建未来以电能为核心的综合能源系统的重要组成部分，是促进电力市场建设的有力支撑，是保障清洁能源并网消纳的重要突破口。电化学储能作为一种重要的储能形式，因其突出的安全性能和成本优势，在大规模固定式储能领域快速拓展应用。国网江苏省电力有限公司以技术创新和解决工程应用难题为目标，积极开展电网侧电化学储能试点示范应用建设，积累了大量先进的工程经验。国网江苏省电力有限公司经济技术研究院作为江苏电网侧电化学储能电站设计的依托单位，以镇江和苏州储能电站、南京梯次储能电站设计为基础，系统性地总结了电化学储能电站设计的相关规范，编写了《电化学储能电站典型设计》。

　　本书凝聚了江苏省电力行业广大专家学者和工程技术人员的心血和汗水，是国网江苏省电力有限公司推行储能设计标准化建设的重要成果之一。希望该书的出版和应用，能够进一步提高我国储能建设质量和发展水平，为储能的规模化发展奠定坚实的基础。

编　者

2020 年 8 月

目　录

第 3 篇　电化学储能电站典型设计方案及实例

第1篇

总　论

第 1 章　概　述

储能电站标准化建设是加快推进智能电网建设进程、可再生能源高效利用的关键支撑技术之一，也是国家电网有限公司对内支撑坚强智能电网业务、推广多站融合理念，推进共享型企业建设的基本任务之一。

储能电站主要在电网的三个场景中起到显著作用：①发电侧，储能电站主要用于新能源发电平滑输出或火电机组与储能联合调频，改善电能质量；②电网侧，储能电站主要用于输配电网，发挥调峰调频、事故备用、黑启动等作用；③用户侧，储能电站主要作用是通过峰谷电价降低用户用能成本。

储能电站根据能量存储方式的不同，可以分为机械储能电站（如压缩空气蓄能电站）、电磁储能电站（如超级电容电站）、电化学储能电站（如铅酸电池电站）三大类。近年来，以锂电、铅酸、液流为代表的电化学储能技术不断发展成熟，成本进一步降低，使得电化学储能电站具有较大的发展前景。

结合国家电网有限公司储能电站设计经验，本书主要对电网侧电化学储能电站设计提供关键技术支撑和优化思路，主要针对磷酸铁锂电池储能电站，其他类型电化学电池储能电站、发电侧和用户侧储能电站可参考执行。

1.1　编写原则

通过吸收储能设计领域的最新科研成果，作者结合国内近年来电网侧储能电站的建设经验，按照"标准化设计、工业化生产、智能化技术、装配式建设、机械化施工"的总体思路，综合运用模块化设计理念，编写本书。本书既是对江苏省电网侧大规模储能电站设计的经验总结，也对指导储能电站的经济性投资、精细化设计、高效化建设和专业化管理具有非常重要的意义。

电化学储能电站秉承"安全可靠、先进适用、标准统一、提高效率、注重环保、节约资源、降低造价"的设计原则，做到适用性、可靠性、先进性、经济性和灵活性的协调统一，其中几个关键原则阐述如下：

（1）适用性：典型设计方案要考虑不同地区环境、地址以及电网的实际情况，使得本书对于不同条件下储能电站的指导建设具有广泛适用性，保证其在一定时间内，对不同规模、不同形式、不同外部条件均能适用。

（2）可靠性：典型设计方案以实现安全可靠为目标，保证储能电池、各模块和整个储能电站系统的稳定可靠。

（3）先进性：在储能电站的设计过程中，推广应用成熟的新技术、新设备，以在满足消防要求的基础上提高储能电站响应速度和运行效率。

（4）经济性：在储能电站的设计过程中，综合考虑工程一次性投资成本和长期运行费用，追求工程全寿命周期内最优的经济效益。

（5）灵活性：典型设计方案的各个模块划分合理、接口灵活、组合多样、增减方便，便于调整规模，灵活适用。

1.2　本书内容

本书主要内容包括总论、电化学储能电站典型设计导则、电化学储能电站典型设计方案及实例三部分。

（1）编制电化学储能电站设计技术导则和关键技术说明，形成对储能电站设计的宏观印象和微观把控。

（2）根据不同的接入系统方案、建设规模、布置形式等，有效归并设计方案，形成 8 种典型的电化学储能电站设计方案，其中全户外方案 1 种、半户内方案 7 种，还拓展加入了一些非常规的储能电站设计方案的说明，如梯次储能电站、户外叠加型设计方案等，以便读者对新型储能电站的设计有一些启发性思考。

（3）以全户外、半户内、梯次储能电站作为设计实例工程详解，进行方案的说明和主要设备的示例，并提炼形成标准化图纸一套。

1.3　本书特点

（1）采用模块化思路，实行标准化设计。

对电化学储能电站按照功能区域划分基本模块，各基本模块统一设计原则、技术标准和设计图纸，对于不同的储能电站设计，可实现同一类型模块和设备的通用互换，减少备品备件种类。

（2）应用工业化理念，提高现场建设效率。

户外设备基本采用预制舱式组合设备，同时所有电池均采用预制舱式储能电池，最大限度实现工厂内规模生产、集成调试、标准配送、现场机械化施工，减少现场"湿作业"，减少现场安装、接线、调试工作，提高工程建设安全、质量、效率。

（3）典型设计方案覆盖面广，满足公司系统建设需要。

储能电站的典型设计方案覆盖各种类型储能电站，按照不同系统条件、不同规模和不同布置形式提炼出 8 种典型设计方案，可满足绝大多数储能电站工程建设需要，最大限度实现了国内储能电站设计和建设的标准统一。

（4）以大规模落地工程为经验累积，提供电网侧储能电站设计指导性建议。

以江苏省储能电站实际工程中的镇江某储能电站、苏州某储能电站和南京某梯次储能电站作为设计实例工程，详细剖析了不同类型和规模的电化学储能电站的设计方案，可为多种储能电站的设计提供实际经验的参考。

（5）以最新科研成果为推动助力，不断优化储能电站的关键技术。

随着近年来国内电化学储能电站的不断建设投运，国家江苏省电力有限公司一直坚持开展储能相关科技项目的研究工作，形成了针对储能电站消防系统设计、储能电池梯次利用、储能系统接入研究等较多项研究成果，并将其进行成果转化和总结，进一步支持储能电站的优化设计和关键技术解决。

1.4 主要设计依据

1.4.1 国家及行业标准

GB 5749《生活饮用水卫生标准》

GB 8624《建筑材料及制品燃烧性能分级》

GB 11032《交流无间隙金属氧化物避雷器》

GB 23864《防火封堵材料》

GB 50006《厂房建筑模数协调标准》

GB 50009《建筑结构荷载规范》

GB 50015《建筑给水排水设计标准》

GB 50016《建筑设计防火规范》

GB 50019《工业建筑供暖通风与空气调节设计规范》

GB 50034《建筑照明设计标准》

GB 50054《低压配电设计规范》

GB 50116《火灾自动报警系统设计规范》

GB 50140《建筑灭火器配置设计规范》

GB 50217《电力工程电缆设计规范》

GB 50229《火力发电厂与变电站设计防火标准》

GB 50545《110kV～750kV架空输电线路设计规范》

GB 50582《室外作业场地照明设计标准》

GB 50974《消防给水及消火栓系统技术规范》

GB 51048《电化学储能电站设计规范》

GB 51309《消防应急照明和疏散指示系统技术标准》

GB/T 12325《电能质量 供电电压偏差》

GB/T 12326《电能质量 电压波动和闪变》

GB/T 14549《电能质量 公用电网谐波》

GB/T 15543《电能质量 三相电压不平衡》

GB/T 17626.7《电磁兼容 试验和测量技术 供电系统及所连设备谐波、间谐波的测量和测量仪器导则》

GB/T 19862《电能质量监测设备通用要求》

GB/T 24337《电能质量 公用电网间谐波》

GB/T 34120《电化学储能系统储能变流器技术规范》

GB/T 34131《电化学储能电站用锂离子电池管理系统技术规范》

GB/T 36276《电力储能用锂离子电池》

GB/T 36547《电化学储能系统接入电网技术规定》

GB/T 36548《电化学储能系统接入电网测试规范》

GB/T 36558《电力系统电化学储能系统通用技术条件》

GB/T 50064《交流电气装置的过电压保护和绝缘配合》

GB/T 50065《交流电气装置的接地设计规范》

GBJ 22《厂矿道路设计规范》

DL/T 476《电力系统实时数据通信应用层协议》

DL/T 584《3kV～110kV电网继电保护装置运行整定规程》

DL/T 634.5104《远动设备及系统　第5-104部分：传输规约采用标准传输协议集的 IEC 60870-5-101 网络访问》

DL/T 667《远动设备及系统　第5部分：传输规约　第103篇：继电保护设备信息接口配套标准》

DL/T 860《变电站通信网络和系统》

DL/T 5002《地区电网调度自动化设计技术规程》

DL/T 5003《电力系统调度自动化设计技术规程》

DL 5027《电力设备典型消防规程》

DL/T 5136《火力发电厂、变电站二次接线设计技术规程》

DL/T 5222《导体和电器选择设计技术规定》

DL/T 5352《高压配电装置设计技术规程》

DL/T 5390《发电厂和变电站照明设计技术规定》

DL/T 5729《配电网规划设计技术导则》

NB/T 33015《电化学储能技术接入配电网技术规定》

SD 325《电力系统电压和无功电力技术导则》

1.4.2　企业标准

Q/GDW 1564《储能系统接入配电网技术规定》

Q/GDW 1769《电池储能电站技术导则》

Q/GDW 11265《电池储能电站设计技术规程》

Q/GDW 11374《10 千伏及以下电网工程可行性研究内容深度规定》

Q/GDW 1738《配电网规划设计技术导则》

国家电网设备〔2018〕979 号《国家电网有限公司关于印发十八项电网重大反事故措施（修订版）的通知》

第 2 章 技术方案及使用说明

2.1 适用范围

本典型设计可用来指导电网侧储能电站的设计，非电网侧储能电站的设计可参考执行。

按照电化学储能电站建设规模、布置形式、接入电压等级的不同，典型设计共分为 8 个技术方案，当实际的工程规模、站址条件、接入系统方案等与典型设计不一致，无可直接采用的方案时，应因地制宜，分析基本方案后，从中找出适用的基本模块，按照各专业设计原则，通过基本模块和子模块的合理拼接和调整，形成所需要的设计方案。

本典型设计范围是储能电站围墙以内，设计标高零米以上，不包括受外部条件影响的项目，如系统通信、保护通道、进站通道、竖向布置、站外给排水、地基处理等。

典型设计方案设定站址条件如下：

（1）海拔：≤1000m；

（2）环境温度：−25～+40℃；

（3）设计基本地震加速度：0.10g；

（4）年平均雷暴日：<50 日，近 3 年雷电检测系统记录平均落雷密度<3.5 次/（km² · 年）；

（5）声环境：储能电站噪声排放需满足国家法规和相关标准要求，并结合实际情况考虑；

（6）地基：地基承载力特征值取 f_{ak}=120kPa，地下水无影响，场地同一标高；

（7）污秽等级：Ⅳ级。

2.2 方案分类和编号

2.2.1 方案分类

根据配电装置的布置形式分为半户内布置方案和全户外布置方案 2 种类型。全户外布置方案适用于建设规模相对较小，站址用地紧张或综合楼布置困难等情况，用分类号 A 标识。半户内方案适用于受一定外界条件限制，对运维条件要求较高的情况，用分类号 B 标识。

2.2.2 方案编号

典型设计方案编号由三个字段组成：设计功率—分类号—电压等级。

典型设计方案编号示意如下：

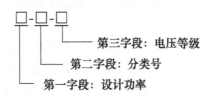

第一字段"设计功率"：20，代表功率为20.16MW/35.2MWh规模的储能电站设计方案。

第二字段"分类号"：代表布置形式，A代表全户外，B代表半户内。

第三字段"电压等级"：10代表高压汇流母线电压等级为10kV，35代表代表高压汇流母线电压等级为35kV，110代表高压汇流母线电压等级为110kV，220代表高压汇流母线电压等级为220kV。

2.2.3 半户内方案

半户内方案总体概况如表2-1所示。

表2-1　　　　　　　　　　　　　　　　　　　　　　　　　　半户内方案总体概况

序号	典型设计方案编号	建设规模	接入系统方案	总布置及配电装置	占地面积（m²）
1	10-B-10	10.08MW/17.6MWh	10kV接入	户外预制舱储能电池背靠背布置，并设置生产综合楼	1558
2	20-B-10	20.16MW/35.2MWh	10kV接入	户外预制舱储能电池背靠背布置，并设置生产综合楼	3022.5
	20-B-35		35kV接入		3308.4
3	40-B-35	40.32MW/70.4MWh	35kV接入	户外预制舱储能电池背靠背布置，并设置生产综合楼	5668.4
	40-B-110		升压至110kV接入	户外预制舱储能电池背靠背布置，并设置PCS及变压器室、110kV升压站	7488
4	100-B-110	100.8MW/176MWh	升压至110kV接入	户外预制舱储能电池背靠背布置，设置PCS及变压器室、110kV升压站	18312
	100-B-220		升压至220kV接入	户外预制舱储能电池背靠背布置，并设置PCS及变压器室、220kV升压站	18312

* PCS为Power Conversion System，储能变流器。

2.2.4 全户外方案

全户外方案总体概况如表2-2所示。

表2-2　　　　　　　　　　　　　　　　　　　　　　　　　　全户外方案总体概况

典型设计方案编号	建设规模	接入系统方案	总布置及配电装置	占地面积（m²）
10-A	10.08MW/17.6MWh	10kV接入	户外预制舱储能电池背靠背布置，就地设置二次设备舱、升压舱、生活舱等功能舱	1820

2.3 常规储能电站使用说明

本典型设计涵盖了"第1篇 总论""第2篇 电化学储能电站典型设计导则"和"第3篇 电化学储能电站典型设计方案及实例"三个部分。

读者在使用本典型设计时，首先应根据第1章内容熟悉和了解储能电站设计的基本原则、设计特点、依据文件和典型方案概述，以对储能电站的设计有一个整体把控。

其次，本典型设计共包含8种典型方案，针对某个储能电站的设计，可根据工程规模选择相匹配的方案。当工程规模与典型方案的建设规模一致或者相差不大时，可参考相近规模的典型设计方案并进行合理优化设计；当工程规模与典型设计方案的建设规模差距较大时，可参考本典型设计的基础典型方案，并按照储能电站设计原则、关键技术和各专业说明，因地制宜、合理优化后形成最终设计方案。

2.4 梯次储能电站使用说明

在实际使用过程中,可参考本典型设计方案进行梯次储能电站的设计,并注意以下几点:

(1)电池选型。

对于梯次储能电站,一般使用的是退役电池。电池类型包括磷酸铁锂电池、铅酸电池等。

(2)电池和BMS性能要求。

与新电池相比,梯次电池除容量、能量特性下降和内阻增加以外,安全隐患增大,电池之间的不一致性显著增大,再利用过程中的安全可靠性下降,因此在梯次利用之前,需要达到国家规定的相关性能要求,以满足应用场景的需求和在该场景下使用的经济价值。

电池本体的保护主要由电池管理系统(BMS,Battery Management System)实现。BMS主要实现功能包括:准确估测电池组的荷电状态;动态监测电池组的工作状态;单体电池间、电池组间的均衡。考虑到梯次利用储能电池源头多样性、动力电池BMS系统与储能电站BMS系统存在较大差异,梯次利用储能系统对BMS性能提出了更高的可靠性和适应性要求。为保证储能系统及储能电池的安全可靠持续运行,BMS系统在利用之前,也同样需要达到国家规定的相关性能要求。

(3)单元接线。

梯次电池规模化应用需要优化电池组串方案,采用小功率储能变流器(Power Conversion System,PCS)及升压变压器成套设计,可采用多支路PCS方案,以减少电池单元容量,尽量保证各单元内电池性能一致。

(4)电池舱布置及防火。

一般储能电站工程的预制舱储能电池基本单元功率/容量配置为1.26MW/2.2MWh,舱体长宽为12200mm×2800mm。梯次储能电站由于大规模使用退役电池,电池质量难以完全把控,充放电时电压不一致。为了减小事故时的损失,储能电池单体容量可在原1.26MW/2.2MWh基础上进行降低,电池舱尺寸有所减小,与之配套的PCS容量和升压变压器容量也需同步减小。

磷酸铁锂梯次电池采用预制舱户外布置形式,在确保安全的基础上尽量提高土地利用效率。由于舱体尺寸较常规电池舱大幅度减小,因此可采用"十字形"防火墙等布置方案以减小防火分区,发生事故时,可将损失控制在一定范围内。

国家电网
STATE GRID

国网江苏省电力有限公司经济技术研究院
STATE GRID JIANGSU ELECTRIC POWER CO.,LTD. ECONOMIC RESEARCH INSTITUTE

第2篇

电化学储能电站典型设计导则

第 3 章 总 则

3.1 设计对象

典型设计方案为 10.08MW/17.6MWh、20.16MW/35.2MWh、40.32MW/70.4MWh、100.8MW/176MWh 四种容量及对应的半户内布置形式，以及 10.08MW/17.6MWh 容量的全户外布置形式的电网侧磷酸铁锂电池储能电站。

3.2 设计范围

主要设计内容为储能电站本体，设计标高零米以上的生产及辅助生产设施，包含系统部分、电气一次部分、二次系统、土建部分、消防部分设计，以及储能站本体建筑和相关的辅助建筑。受外部条件影响的项目，如系统通信、保护通道、进站道路、站外给排水、地基处理、土方工程、接入的对侧变电站等不列入设计范围。

3.3 运行管理方式

按照无人值守储能电站进行设计。

3.4 主要设计原则

(1) 电气一、二次设备最大程度实现工厂内规模生产、调试、模块化配送，减少现场安装、接线、调试工作，提高工程建设质量、效率。

(2) 配电装置布局应统筹考虑按二次设备模块化布置，便于安装、消防、扩建、运维、检修及试验工作。

(3) 一次设备不采用智能组件（合并单元、智能终端），采用常规互感器。

(4) 一次设备与二次设备之间宜采用预制电缆标准化连接；二次设备之间宜采用预制光缆标准化连接。

(5) 建筑物采用混凝土框架结构或砌体结构。

(6) 建、构筑物基础采用标准化尺寸，根据实际情况采用现浇及预制件。

第 4 章 系 统 部 分

4.1 容量配置

储能电站容量配置应在综合考虑储能电池本体、运行控制、站址条件等多种因素前提下，以提高电网运行可靠性、安全性、经济性为目的，寻求最优容量配置方案。电池持续充放电时间可根据储能电站功能定位确定。

4.2 电池选型

4.2.1 电池选型基本原则

储能电池选型应满足以下原则：

（1）便于实现多方式组合，满足系统要求的工作电压和工作电流。

（2）具有高安全性、可靠性，在极限情况下，即使发生故障也在受控范围，不应该发生爆炸、燃烧等危及电站安全运行的事故。

（3）具有良好的快速响应和充放电能力，较高的充放电转换效率。

（4）易于安装和维护，具有较好的环境适应性，较宽的工作温度范围。

（5）符合环境保护的要求，在电池生产、使用、回收过程中不产生对环境的破坏和污染。

4.2.2 其他要求

考虑到目前应用较多的标准化、典型设计的储能电池预制舱模式，建议预制舱内电池满足以下要求：

（1）每套预制舱电池的额定充电功率和额定放电功率均不低于 1.26MW，且在 10 年质保期内为可持续工作值。

（2）每套预制舱电池的初始充电能量和初始放电能量均不低于 2.2MWh，且在 10 年质保期内充电能量和放电能量保持率均不低于 70%，额定功率能量转换效率（交流侧）不低于 88%。

（3）须通过 GB/T 36276 规定的电池单体和电池模块的安全性能测试。

4.3 接入系统设计

4.3.1 接入电压等级

电化学储能电站接入电压等级及方案应按照安全性、灵活性、经济性的原则，统筹考虑并网容量、电网接纳能力等因素，通过综合技术经济分析确定。

表 4-1 为不同额定功率接入系统推荐电压等级，主要考虑的是输送损耗、供电半径等因素；通过技术经济比选，当高、低两级电压均具备接入条件时，优先采用低电压等级接入，以降低接入系统造价。

表 4-1　　　　　　　　　　　　　　　　电化学储能电站推荐接入电压等级表

电化学储能电站额定功率	接入电压等级
5MW 及以下	10kV 及以下
5～30MW	10～35kV
30MW 以上	35kV 及以上

4.3.2　接入点选择原则

储能电站应优先以专线接入邻近公共电网，即储能电站接入点处设置专用的开关设备（间隔），采用诸如储能电站直接接入变电站、开关站、配电室母线或环网柜等方式。

4.4　接入系统送出线路选型

4.4.1　总则

根据储能电站接入系统的不同电压等级，结合周边条件兼顾电网运行需求进行送出线路选型，满足规程规范要求，必要时通过技术经济比选确定。在条件允许的情形下，优先选用技术较为成熟、经济性较高的架空导线。特殊情形下采用电缆时，则所选电缆输送能力需与相应架空导线相匹配。

4.4.2　一般要求

（1）架空导线导体型式与截面选择主要参考 DL/T 5222、《电力系统设计手册》及《电力工程电气设计手册　电气一次部分》，其一般要求如下：

1）根据回路工作电流、允许电压降、经济电流密度、热稳定、环境条件（环境温度、日照、风速、污秽）、电晕和无线电干扰等条件，确定导线的截面和结构型式。

2）在空气中含盐量较大的沿海地区或周围气体对铝有明显腐蚀的场所，应选用防腐型铝绞线。

3）当负荷电流较大时，储能电站充放电电流应根据负荷电流选择较大截面的导线。当电压较高时，为保持导线表面的电场强度，导线最小截面应满足电晕的要求，可增加导线外径或增加每相导线的根数。

4）对于 220kV 及以下的软导线，电晕对选择导线截面一般不起决定性作用，故可根据负荷电流选择导线截面。导线的结构型式可采用单根钢芯铝绞线或由钢芯铝绞线组成的复导线。

综上，架空送电线路导线截面一般按经济电流密度来选择，并根据电晕、机械强度以及事故情况下的发热条件进行校验。必要时通过技术经济比较确定。

（2）电力电缆型式与截面选择主要参考 GB 50217 和 DL/T 5222，其一般要求如下：

1）电力电缆应按额定电压、工作电流、热稳定电流、系统频率、绝缘水平、系统接地方式、电缆线路压降、护层接地方式、经济电流密度、敷设方式及路径等技术条件选择。

2）电力电缆应按环境温度、海拔、日照强度（户内或地下可不考虑）等环境条件校验。

3）35kV 及以上电缆载流量宜根据电缆使用环境条件，按 JB/T 10181 的规定计算。亦可采用简单处理方式，按照制造厂给出的载流量表查阅 35kV 及以上高压单芯电缆长期允许载流量或请制造厂提出计算书；当需要进行校核计算时，可按 DL/T 5222 第 7.8.4 条进行复核。

4）6kV 及以上电力电缆宜采用交联聚乙烯绝缘。

5）10kV 及以下电力电缆可选用铜芯或铝芯，35kV 及以上电力电缆宜采用铜芯。

6）10kV 及以下电力电缆宜按电缆的初始投资与使用寿命期间的运行费用综合经济的原则选择。

7）最大工作电流作用下的电缆导体温度不得超过电缆绝缘最高允许值；持续工作回路的电缆导体工作温度、最大短路电流和短路时间作用下的电缆导体温度应符合 GB 50217 规定；最大工作电流作用下，连接回路的电压降不得超过该回路允许值。

4.4.3　送出线路导体截面的选择和校验

1. 按经济电流密度选择

经济电流密度由年运行费用确定，而运行费用主要由电能损耗、设备维修和折旧费用组成。其中，电能损耗费用与导体材质及年最大负荷运行小时数有关。当导体为某一截面时年运行费最低，此时导体单位截面积流过的电流即为经济电流密度。

按经济电流密度选择导线截面用的输送容量，应考虑线路投入运行后 5～10 年的发展。在计算中必须采用正常运行方式下经常重复出现的最高负荷，但在系统发展还不明确的情况下，应注意勿使导线截面定得过小。

导线截面的计算公式如下

$$s = \frac{I_g}{j} = \frac{P}{\sqrt{3}jU_e\cos\varphi} \tag{4-1}$$

式中：s 为按经济电流密度计算的导体截面，mm^2；j 为经济电流密度，A/mm^2；I_g 为导体回路持续工作电流，A；P 为送电容量，kW，可取储能电站最大充电功率；U_e 为线路额定电压，kV；$\cos\varphi$ 表示功率因数，对于储能电站 $\cos\varphi$ 可取 0.9～0.95。

通常储能电站年最大负荷利用小时数不超过 3000h，根据我国 1956 年电力部颁布的经济电流密度，对应于铝裸导体、铜裸导体的经济电流密度可分别取 1.65、3.0A/mm^2。目前暂未给出电缆的经济电流密度典型值，可参照经济电流密度计算公式或者查阅某些特定型号电缆经济电流密度曲线来计算，具体可查阅 DL/T 5222 附录 E 和 GB 50217 附录 B 相关内容。亦可先按架空导线进行导线截面选型，后选取最大输送容量与相应架空导线相匹配的电缆。经济电流密度的确定，涉及电力和有色金属等部门的供应、分配和发展等国民经济情况，目前有待统一修订标准。

根据 DL/T 5222 第 7.1.6 条，当无合适规格导体时，导体面积可按经济电流密度计算截面的相邻下一档选取。

2. 按回路持续工作电流校验

选定的架空输电线路的导线截面，必须根据各种不同运行方式以及事故情况下的传输容量进行发热校验，即在设计中不应使预期的输送容量超过导线发热所能容许的数值。

储能电站年最大负荷利用小时数较低，有充电和放电过程，送出线路潮流双向流动，保守考虑，建议按回路可能出现的最大工作电流校验导线截面。

3. 按电压损失校验

只有 110kV 及以下输电线路才需要进行电压损失校验。根据 SD 325—1989 第 7.3 条，各级配电线路的最大允许电压损失值可参照表 4-2。

表 4-2 　　　　　　　　　　　　　　　　　　　**线路电压损失允许值**

名称	允许电压损失（%）
110～10kV 线路首末端（正常方式）	5
380V 线路（包括接户线）	5
220V 线路（包括接户线）	7

注　《工业与民用配电设计手册》提到"从配电变压器二次侧母线算起的低压线路"允许电压损失值为 5%。

4. 按机械强度校验

为了保证架空线路必要的安全机械强度，对于跨越铁路、通航河流和运河、公路、通信线路、居民区的线路，其导线截面不得小于 35mm²。通过其他地区的导线截面，按线路的类型分，容许的最小截面列于表 4-3 中。

表 4-3　　　　　　　　　　　　　　　　　**按机械强度要求的导线最小容许截面**　　　　　　　　　　　　　　　　（mm²）

导线构造	架空线路等级		
	Ⅰ类	Ⅱ类	Ⅲ类
单股线	不许使用	不许使用	不许使用
多股线	25	16	16

注　35kV 以上线路为Ⅰ类线路。1～35kV 的线路为Ⅱ类线路。1kV 以下线路为Ⅲ类线路。

5. 按有功功率损耗校验

只有当电压为 35kV 及以下的小截面输电线路才需要进行有功功率损耗校验。目前暂无输电线路有功功率损耗限值规定，主要参考输电线路送端或者受端需求。若无特殊需求，可不进行有功功率损耗校验。

4.5　无功补偿

4.5.1　无功补偿总则

（1）电化学储能系统应具有电压/无功调节能力，为保证储能系统有功功率有效输出，其无功功率调节能力有限时，宜就地安装无功补偿设备/装置。

（2）通过 220V/380V 电压等级接入的储能系统功率因数应控制在 0.95（超前）～0.95（滞后）范围内。

（3）通过 10（6）kV～35kV 电压等级接入的储能系统功率因数应能在 0.95（超前）～0.95（滞后）范围内连续可调。在其无功输出范围内，应具有参与电网电压调节的能力，无功动态响应时间不得大于 20ms，其调节方式、参考电压以及电压调差率等参数应满足并网调度协议的规定。

（4）通过 110（66）kV 及以上电压等级并网的储能电站，无功容量配置应满足下列要求：①容性无功容量能够补偿储能电站满发时站内汇集线路、主变压器的感性无功功率损耗及储能电站送出线路的一半感性无功功率损耗之和；②感性无功容量能够补偿储能电站自身的容性充电无功功率及储能电站送出线路的一半充电无功功率之和。

（5）通过 10（6）kV 及以上电压等级接入公用电网的电化学储能电站应同时具备就地和远程无功功率控制和电压调节功能。

（6）电化学储能系统在其储能变流器（PCS）额定功率运行范围内应具备四象限功率控制功能，有功功率和无功功率应在如图 4-1 所示的阴影区域内动态可调，详见 GB/T 36547。

（7）储能电站要充分利用储能变流器（PCS）的无功容量及其调节能力；当变流器的无功调节能力不能满足系统电压调节需要时，应在储能电站集中加装动态无功补偿装置。

4.5.2 无功补偿配置相关计算

储能变流器（PCS）以交直流双向变换为基本特点，具备无功功率控制能力，大部分厂家 PCS 具备功率因数在 0.9（超前）～0.9（滞后）范围内连续调节的能力；但需要在储能电站配置 PCS 协调控制装置，且动态响应时间满足要求，以充分发挥 PCS 无功电压调节能力。因而，本文所指储能电站无功补偿容量计算是在考虑 PCS 具备一定的动态无功调节能力后储能电站尚需配置的无功补偿量。

表 4-4 给出以 10（6）kV～35kV 电压等级接入的储能系统无功补偿容量计算表作为示例。

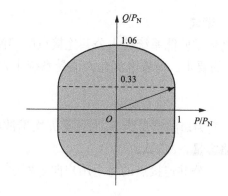

图 4-1　电化学储能系统四象限功率调节范围示意图

注：P_N为电化学储能系统的额定功率，P 和 Q 分别为当前运行的有功功率和无功功率。

表 4-4　以 10（6）kV～35kV 电压等级接入的储能系统无功补偿容量计算表

储能电站 100%出力	有功功率（MW）	P_1
按规程要求的无功缺额（Mvar）	功率因数 $\cos\varphi_1$（超前）	Q_{m1}
	功率因数 $\cos\varphi_1$（滞后）	Q_{m1}
站内升压变主变无功损耗（Mvar）		$n \cdot \Delta Q_T$
站内汇集线路	无功损耗（Mvar）	$\sum \Delta Q_l$
	充电功率（Mvar）	Q_c
PCS 100%出力	有功功率（MW）	P_2
PCS 无功电压调节能力	功率因数 $\cos\varphi_2$（超前）	Q_{m2}
	功率因数 $\cos\varphi_2$（滞后）	Q_{m2}
总无功缺额（考虑 PCS 无功能力）（Mvar）	容性无功缺额	$Q_{m1} + n \cdot \Delta Q_T + \sum \Delta Q_l - Q_c - Q_{m2}$
	感性无功缺额	$Q_{m1} + Q_c - Q_{m2}$

注　1. 若无功缺额计算结果为负，则表示不缺无功。
　　2. n 表示站内升压变数量，ΔQ_T 表示单台升压变无功损耗，ΔQ_l 表示单条集电线路无功损耗。
　　3. $\cos\varphi_1$ 表示规程规定要求达到的功率因数，本算例中取 0.95；$\cos\varphi_2$ 表示储能变流器输出额定有功功率时可达的最小功率因数，通常取值范围为 0.9～0.95，视不同厂家而定。
　　4. P_1、P_2 分别为储能电站和储能变流器（PCS）100%出力的有功功率，通常 $P_2 \geqslant P_1$。

4.6　电能质量分析

储能系统由电池、储能变流器（PCS）、计量装置及配电系统等部分组成，由于储能系统的特点，储能电站接入电网对系统有一定不利影响。需要从谐波、电压偏差、电压波动和闪变、电压不平衡度及直流分量等方面进行计算分析，确定推荐接入系统方案中储能电站对电网系统的影响。现阶段，储能电站电能质量分析的基础是储能变流器（PCS）的性能参数。

4.6.1 谐波

电化学储能系统接入公共连接点的谐波电压、电流应满足 GB/T 14549 的要求。电化学储能系统接入公共连接点的间谐波电压、电流应满足 GB/T 24337 的要求。谐波电流允许值受系统小方式下的短路容量影响，修正公式为

$$I_h = \frac{S_{k1}}{S_{k2}} I_{hp} \tag{4-2}$$

式中：I_h 为短路容量为 S_{k1} 时的第 h 次谐波电流允许值，A；I_{hp} 为国标中的第 h 次谐波电流允许值，A；S_{k1} 为公共连接点的最小短路容量，MVA；S_{k2} 为基准短路容量，MVA。

同一公共连接点的每个用户向电网注入的谐波电流允许值按此用户在该点的协议容量与公共连接点的供电设备容量之比进行分配。具体公式如下：

$$I_{hi} = I_h (S_i/S_t)^{1/\alpha} \tag{4-3}$$

式中：S_i 为第 i 个用户的用电协议容量，MVA；S_t 为公共连接点的供电设备容量，MVA；I_{hi} 为第 i 个用户的第 h 次谐波电流允许值，A；α 为相位叠加系数。

谐波电压含有率 HRU_h 与第 h 次谐波电流分量 I_h 的关系为

$$HRU_h = \frac{\sqrt{3} \cdot U_n \cdot h \cdot I_h}{10 \cdot S_k}(\%) \tag{4-4}$$

式中：U_n 表示电网的标称电压，kV；S_k 为公共连接点的三相短路容量，MVA；I_h 表示第 h 次谐波电流，A。

4.6.2 电压偏差

电化学储能系统接入公共连接点的电压偏差应满足 GB/T 12325 的要求。

（1）35kV 及以上供电电压正、负偏差绝对值之和不超过标称电压的 10%，如供电电压上下偏差同号（均为正或负时），按较大的偏差绝对值作为衡量依据。

（2）20kV 及以下三相供电电压偏差为标称电压的 ±7%。

（3）220V 单相供电电压偏差为标称电压的 +7%，−10%。

4.6.3 电压波动和闪变

电化学储能系统接入公共连接点的电压波动和闪变值应满足 GB/T 12326 的要求。

对于接入不同电压等级系统，对应不同电压变动频度（r），其电压波动限值（d）见表 4-5。

表 4-5 　　　　　　　　　　　　　　　　　　　　　电 压 波 动 限 值

r（次/h）	d(%)	
	低压、中压	高压
$r \leqslant 1$	4	3
$1 < r \leqslant 10$	3	2.5
$10 < r \leqslant 100$	2	1.5
$100 < r \leqslant 1000$	1.25	1

注　系统标称电压 U_n 按以下划分：低压：$U_n \leqslant 1$kV；中压：1kV$< U_n \leqslant 35$kV；高压：35kV$< U_n \leqslant 220$kV。

4.6.4 电压不平衡度

电化学储能系统接入公共连接点的电压不平衡度应满足 GB/T 15543 的要求。公共连接点的负序电压不平衡度应不超过 2%，短时不得超过 4%；其中接于公共连接点的每个用户引起该点负序电压不平衡度允许值一般为 1.3%，短时不超过 2.6%。

负序电压不平衡度计算公式为

$$\varepsilon_{U2} = \frac{\sqrt{3} I_2 U_L}{S_k} \times 100 (\%) \tag{4-5}$$

式中：I_2 为负序电流值，A；S_k 表示公共连接点的三相短路容量，VA；U_L 为线电压，V。

4.6.5 直流分量

电化学储能系统经变压器接入公共连接点的直流电流分量不应超过其交流额定值的 0.5%。电化学储能系统经变流器直接接入配电网的，向配电网馈送的直流电流分量应不超其交流额定值的 1%。

4.6.6 监测及治理要求

GB/T 36547 要求，通过 10（6）kV 及以上电压等级接入公用电网的电化学储能系统宜装设满足 GB/T19862 要求的电能质量监测装置；当电化学储能系统的电能质量指标不满足要求时，应安装电能质量治理设备。Q/GDW 1564 规定，通过 35kV 及以下电压等级接入配电网的电化学储能系统，应在储能系统公共连接点处装设 A 类电能质量在线监测装置；A 类电能质量在线监测装置应满足 GB/T 17626.7 的要求。

电化学储能系统应在并网运行 6 个月内向电网调度机构或相关管理部门提供由资质单位出具的并网测试报告，储能电站投运后对电网电能质量的影响以此为准。

5.1　电气主接线

电气主接线应根据电站的接入系统设计方案、电压等级、设计容量、变压器连接元件总数、储能系统设备特点等条件确定，应易于操作检修和改扩建，实现可靠性、灵活性、经济性的协调统一。

（1）汇流母线：接线形式应根据系统需求、主接线可靠性要求、运行方式要求确定，可采用单母线、单母线分段等接线形式。

（2）储能单元：BMS 管理的最小储能电池组/最小储能功率单元。典设方案中每组预制舱式储能电池功率/容量为 1.26MW/2.2MWh，包含 2 个容量为 1.13MWh 的储能单元。

（3）储能升压单元：由几组储能变流器（PCS）、双分裂升压变压器、高压环网柜组成一个升压单元。典型设计方案中每个储能单元连接 1 台 PCS，4 台 PCS 两两并联分别接入 1 台升压变压器的低压侧，升压后引接至高压环网柜，形成 1 个升压单元。

（4）110kV/220kV 汇流母线（如涉及）：宜采用单母线分段接线。

5.2　电气设备选择

储能电站电气设备选型主要涉及：

（1）预制舱式储能电池：预制舱储能电池采用模块化设计，舱体需考虑运行方便，内部空间满足运行检修要求。典型设计方案基本单元功率/容量宜按 1.26MW/2.2MWh 配置，电池单体充放电深度不小于 85%，舱体长宽为 12200mm×2800mm。

（2）PCS：储能变流器额定功率等级（kW）优先采用以下系列：30、50、100、200、250、500、630、750、1000、1500、2000，典型设计方案推荐采用 630kW 功率；交流侧电压宜为 400V；直流侧电压根据储能电池参数选取。

（3）升压变压器：宜采用户内干式变压器，低压侧采用双分裂绕组；变比根据汇流母线电压等级、PCS 交流侧电压选取；容量结合储能升压单元设计方案选取。典设方案考虑每台升压变压器低压侧带 4 组 PCS，PCS 功率因数按 0.9 计算，升压变压器容量为 2800 kVA。

（4）站用变压器：应选用干式变压器，容量结合储能电站规模计算确定。

（5）配电装置：典设方案中配电装置主要包含进线柜、无功补偿装置柜、母线设备柜、计量柜、站用变柜和出线馈线柜。参数按照短路电流计算结果选取。

（6）升压站设备：如需合并建设升压站，升压站设备应在满足实际应用需求的同时，满足相关管理运行部门的要求。发电侧、用户侧储能电站按照工程实际需求选择。

（7）SVG：根据系统数据进行参数选择，可采用单独预制舱布置或户内布置。

（8）避雷器：根据 GB/T 50064 和 GB 11032 进行选择。

5.3　电气总平面布置

电气总平面布置应根据站址周边情况及线路方向，合理布置各电压等级配电装置的位置、预制舱的位置，确保站内电缆布局合理，避免或减少不同电压等级的线路交叉。电气总平面布置还应考虑远期储能电站扩建，以减少扩建、改造工程量。

　　总平面布置应因地制宜，采取必要措施减少电站占地面积及土石方工程量，同时需兼顾消防设施布置需求。电气总平面的布置应考虑机械化施工的要求，满足预制舱、电气设备的安装、试验、检修起吊、运行巡视以及消防装置所需的空间和通道。

5.4　配电装置布置

　　配电装置布局应紧凑合理，主要电气设备、预制舱、建（构）筑物、预制舱式储能电池场地的布置应便于安装、维护、检修、试验、扩建及改造工作，并满足消防要求。

　　电气设备与建（构）筑物之间的电气距离应满足 DL/T 5352《高压配电装置设计规范》要求。

　　升压变压器就地布置时，应充分考虑预制舱式储能电池的布置、二次设备的布置，缩短距离。

　　35kV/10kV 配电装置宜采用金属铠装移开式开关柜。根据布置形式（单列或双列）以及开关柜所在建（构）筑的不同形式，具体尺寸要求见表 5-1。

表 5-1　　　　　　　　　　　　　　　　　　　35kV/10kV 配电装置布置尺寸一览表　　　　　　　　　　　　　　　　　　　　　　　（m）

参　　数	35kV 开关柜	10kV 开关柜
间隔宽度	1.4/1.2	1.0/0.8
柜前（单列/双列）	≥2.4/≥3.2	≥2.4/≥3.2
柜后	≥1.0	≥1.0
建筑净高	≥4.0	≥3.6

5.4.1　半户内布置形式

　　预制舱式储能电池户外布置。考虑到安全性要求，每 1.26MW/2.2MWh 储能电池舱背靠背布置，并在中间设置防火墙，形成一组防火分区。

　　设置综合楼一栋。综合楼为 2 层时：辅助用房、交直流转换升压设备和变压器宜布置在综合楼一层，10kV/35kV 配电装置、二次设备室、消防控制室、站用变、无功补偿等电气设备宜布置在综合楼二层。综合楼为 1 层时：二次设备室、消防控制室、站用变、10kV/35kV 配电装置、无功补偿等电气设备及辅助用房宜布置在综合楼；交直流转换升压设备和站用变压器等宜就地布置在升压室，靠近储能电池舱。

　　当储能电站容量较大，需建设 110kV/220kV 升压站时；应考虑将储能电站配电装置及二次设备等布置在升压站内，并统一进行优化。

5.4.2　全户外布置形式

　　电池采用预制舱式储能电池。考虑到安全性要求，每两个 1.26MW/2.2MWh 储能电池舱背靠背布置，并在中间设置防火墙，形成一组防火分区。

　　储能升压单元就地化布置，单元内 PCS、升压变压器、环网柜集中布置于升压舱内。

　　二次设备、站用变压器、无功补偿装置等设备宜单独设置预制舱。

　　辅助用房应单独设置预制舱。

5.5　站用电

　　站用电源配置应根据电站的定位、重要性、可靠性要求等条件确定。大容量电化学储能电站，宜采用双回路供电互为备用；中、小容量电化学储能电站可采用单回路供电。

对于全户外布置形式，站用电源主要为电池预制舱、二次设备舱、总控舱的照明、暖通、检修电源以及二次设备辅助用电等，同时满足消防系统启动运行需求。

对于半户内布置形式，站用电源主要为电池预制舱以及室内的二次设备、照明和动力系统供电，同时满足消防系统运行需求。

电池储能系统分区域布置时，可按区域设置站用电系统并设置备用站用变压器，容量根据站用负荷计算确定。

站用电源采用交直流一体化电源系统，应符合 Q/GDW 383 及 Q/GBW 393 相关规定。

5.6 接地

主接地网采用水平接地体为主，垂直接地体为辅的复合接地网，接地网工频接地电阻设计值应满足 GB/T 50065 要求。对于土壤碱性腐蚀较严重的地区应选用铜材质接地材料；对于土壤酸性腐蚀较严重的地区，需经过经济技术比较后确定接地方案。

5.7 照明

储能电站设置正常工作照明和消防应急照明（备用照明、疏散照明）。电气照明的设计、灯具选型、亮度等均应符合 GB 50034、GB 51309、GB 50582 和 DL/T 5390 等。

正常工作照明采用 380/220V 三相五线制，由站用电源供电。消防应急照明采用消防专用电源供电，供电时间不少于 180min。储能电池舱选用防爆型灯具，其余灯具采用节能型。

5.8 光/电缆敷设

电缆选择及敷设应按照 GB 50217 进行，并需符合 GB 50229、DL 5027 有关防火要求。

高压电气设备本体与智能电站之间宜采用标准接口的预制电缆连接。储能电站线缆选择宜视条件采用单端或双端预制电缆。火灾自动报警系统、消防系统的供电线路、消防联动控制线路应采用耐火铜芯电缆。其余线缆采用阻燃电缆，阻燃等级不低于 C 级。

在满足线缆敷设容量要求的前提下，户外预制舱式电池场地敷设主通道可采用电缆沟或地面槽盒；就地升压变室或综合楼内电缆通道宜采用电缆沟或浅槽。配电装置需合理设置电缆出线间隔，使之尽可能与站外线路引接位置匹配，减少电缆迂回交叉。同一储能电站应尽量减少电缆沟宽度型号种类，结合电缆沟规范设计要求，推荐电缆沟宽度为 1200、1400mm 等，沟内设置复合材料支架或镀锌钢支架，预留检修通道不小于 700mm。二次设备室宜设置架空活动地板层。

当电力电缆与控制电缆或通信电缆在同一电缆沟或者隧道内时，应采用防火隔板或槽盒进行分隔。消防、报警、应急照明、断路器操作直流电流等重要回路，计算机监控、继电保护、应急电源等双回路共用通道时，电缆须用防火隔板或防火槽盒进行分隔。

电缆沟长度超过 60m 时，应设置防火墙，电缆沟采用埋管进入建筑物内时应采用防火堵料进行封堵。

第6章 二 次 系 统

6.1 系统继电保护及安全自动装置

6.1.1 线路保护

220kV 并网线路按双重化配置完整的、独立的能反映各种类型故障、具有选相功能的全线速动保护，每套保护均具有完整的后备保护，采用独立保护装置，110kV 及以下并网线路配置单套分相光纤电流差动保护。

6.1.2 母差保护

110kV 母线按远期规模配置单套母差保护，35（10）kV 母线配置一套独立的母差保护。

6.1.3 分段保护

110kV、35（10）kV 分段断路器按单套配置专用的、具备瞬时和延时跳闸功能的过电流保护，宜采用保护测控集成装置。

6.1.4 故障录波

储能电站应配置一套故障录波系统，记录故障前 10s 到故障后 60s 的相关信息。录波范围包括并网线路、储能进线、分段、主变压器、站用变压器、母线设备等间隔的电压、电流、断路器位置、保护动作信号等。故障录波装置的录波通道数应满足工程要求。

6.1.5 防孤岛保护

储能电站应配置独立的防孤岛保护，以具备快速检测孤岛且断开与电网连接的能力。防孤岛保护应同时具备主动防孤岛效应保护和被动防孤岛效应保护。非计划孤岛情况下应在 2s 内与电网断开。防孤岛保护动作时间应与电网侧备自投、重合闸动作时间配合，应符合 NB/T 33015、Q/GDW 1564 中相关规定。

6.1.6 故障解列

储能电站宜配置故障解列装置。故障解列装置应满足如下要求：

（1）动作时间宜小于公用变电站故障解列动作时间，且有一定级差。

（2）低电压时间定值应躲过系统及储能电站母线上其他间隔故障切除时间，同时考虑符合系统重合闸时间配合要求。

（3）低/过电压定值、低/过频率定值按 DL/T 584、NB/T 33015、Q/GDW 1564 要求整定。

6.2 调度自动化

6.2.1 调度关系

储能电站接受省调和地调的调度和运行管理，储能设备均由省调调度管辖，影响储能充、放电容量的辅助设备或系统由省调调度许可。

6.2.2 远动设备配置

远动通信设备应根据调度数据网情况进行配置，并优先采用专用装置、无硬盘型，采用专用操作系统。安全Ⅰ区、Ⅱ区数据通信网关机双套配置，Ⅳ区数据通信网关机单套配置。

6.2.3 远动信息采集

（1）常规远动信息由监控系统的测控装置采集，通过数据处理及通信装置或远动装置向调度端传送。

（2）电能量信息由各间隔对应电能表采集，通过电能量远方终端向调度端传送。

（3）相量信息由同步相量测量装置（PMU）采集并向调度端传送。

（4）保护报文信息由保护装置等采集，通过数据处理及通信装置向调度端传送。

6.2.4 远动信息传送

（1）远动通信设备应能实现与相关调控中心的数据通信，宜采用双平面电力调度数据网络的方式。至远方调控中心主站系统的常规远动信息通信，应采用 DL/T 634.5104 或 DL/T 476 规约；至远方调控中心主站系统的保护报文信息通信，宜采用 DL/T 667 标准协议。其他信息应参照相应国家标准或行业标准与相应主站系统进行通信。

（2）调控中心需接收的信息范围包括常规远动信息、电能量信息、相量信息及保护报文信息等。

6.2.5 电能量计量系统

（1）全站配置 2 套电能量远方终端，电能表分别接入两台电能量远方终端。冗余配置的电能量远方终端应通过两个独立路由与主站通信。

（2）按照资产分界点确定关口计量点，配置同型号的主、副双表，至少满足双向有功及四象限无功计量功能，具备本地通信和通过电能量远方终端通信功能，有功精度 0.2S，无功精度 2.0，接入双套电能量远方终端。

（3）非关口计量点的电能表单套配置，模拟量采样。

6.2.6 调度数据网络及安全防护装置

（1）调度数据网应配置双平面调度数据网络设备，含相应的调度数据网络交换机及路由器。

（2）安全Ⅰ区设备与安全Ⅱ区设备之间通信设置防火墙；监控系统通过正、反向隔离装置向Ⅳ区数据通信网关机传送数据，实现与其他主站的信息传输；监控系统与远方调度（调控）中心进行数据通信应设置纵向加密认证装置。

（3）安全Ⅱ区部署一套网络安全监测装置。

6.2.7 相量测量装置（PMU）

储能电站应配置单套相量测量装置，采集并网线路的电压、电流、有功、无功及储能电站的频率等电气量。PMU 应采用 B 码对时，优先采用光 B 码。PMU 宜具备虚拟间隔合成功能。

6.2.8 源网荷接入

储能电站宜满足源网荷接入要求，在储能电站安装智能网荷互动终端，同时建立光纤通道，实现终端上行与毫秒级精准切负荷主站、营销控制快速响应主站通信，下行与储能电站计算机监控系统通信，实现对 PCS 的控制。终端接收精准切负荷主站指令，在特高压故障时控制 PCS 由充电（热备）工作状态切换至向电网放电工作状态，实现储能电站向电网倒送电功能。

6.2.9 储能信息子站

储能电站宜配置 1 套储能信息子站系统，采集 PCS、BMS 等的全量数据，并上送至省调储能数据中心，以满足电网侧储能电站精细化管理的要求。在安全Ⅱ区部署 1 套储能信息采集服务器，安全Ⅳ区部署 1 套储能信息上送服务器，实现 PCS、BMS 全量数据采集及故障重现功能。上述设备应采用安全操作系统，支持网络安全监测。

6.3 系统及站内通信

储能电站必须具备与电网调度机构之间进行数据通信的能力。通信系统应遵循地区规划，按就近接入原则设计，通信设备的制式与接入网络或规划网络制式一致。以满足电网安全经济运行对电力通信业务的要求为前提，应满足继电保护、安全自动装置、调度自动化及调度电话等业务对电力通信的要求。

（1）储能电站至直接调度的调度机构之间应有可靠的专用通信通道。

（2）储能电站应采用光纤通信方式，具备 2 条独立接入通道。储能电站的技术体制应与接入点一致，并符合电网的整体要求。

6.4 计算机监控系统

6.4.1 监控范围及功能

储能电站计算机监控系统设备配置和功能要求按无人值守设计，采用开放式分层分布式网络结构，通信规约统一采用 DL/T 860《变电站通信网络和系统》。监控功能满足 GB 51048《电化学储能电站设计规范》等要求。

监控范围包含储能电池、储能变流器（PCS）、测控装置等信息。电池信息包含电池单体、电池模块、电池簇；储能变流器（PCS）信息包含 PCS 运行状态、电压、电流、有功功率、无功功率等。

监控系统主机应采用 Linux 操作系统或同等的安全操作系统。

监控系统实现对储能电站可靠、合理、完善的监视、测量、控制、断路器合闸同期等功能，并具备遥测、遥信、遥调、遥控全部的远动功能和时钟同步功能，具有与调度通信中心交换信息的能力，具体功能宜包括信号采集、"五防"闭锁、顺序控制、远端维护、智能告警等。

6.4.2 自动发电控制（AGC）

接入 10kV 及以上电压等级公用电网的电化学储能电站应具备自动发电控制（AGC）功能，能够接受并自动执行电力调度机构发送的有功功率及有功功率变化的控制指令，有功功率控制指令发生中断后储能电站应自动执行电力调度机构下达的充放电计划曲线。

6.4.3 自动电压控制（AVC）

接入 10kV 及以上电压等级公用电网的电化学储能电站应具备无功功率调节和电压控制能力，能够按照电力调度机构指令，自动调节其发出（或吸收）的无功功率，控制并网点电压在正常运行范围内，调节速度和控制精度应能够满足电力系统电压调节的要求。

6.4.4 一次调频

总容量 5MW 及以上的公用储能电站应具备一次调频控制能力。一次调频可由 PCS 就地实现，此时 PCS 应具备频率采集能力，误差小于 0.005Hz。一次调频也可由站内的 PCS 协调控制器实现。

6.4.5 设备配置

1. 站控层设备

站控层负责变电站的数据处理、集中监控和数据通信，站控层由监控主机兼操作员站、数据服务器、综合应用服务器、数据通信网关机、网络打印机等设备构成，提供站内运行的人机界面，实现管理控制间隔层设备等功能，形成全站监控、管理中心，并与远方调度中心通信。

（1）监控主机兼操作员站、数据服务器（独立）：均双套配置，负责站内各类数据的采集、处理，实现站内设备的运行监视、操作与控制、信息综合分析及智能告警等功能。提供站内运行监控的主要人机界面，实现对全站一、二次设备及储能设备的实时监视和操作控制，具有事件记录及报警状态显示和查询、设备状态和参数查询、操作控制等功能。

（2）Ⅰ区数据通信网关机（兼图形网关机）：双套配置，直接采集站内数据，通过专用通道向调度中心传送实时信息，同时接受调度中心的操作与控制命令，采用专用独立设备，无硬盘、无风扇设计。

（3）Ⅱ区数据通信网关机：双套配置，实现Ⅱ区向调度中心及其他主站系统的数据传输，具备远方查询和浏览功能。

（4）Ⅳ区数据通信网关机：单套配置，综合应用服务器通过正、反向隔离装置向Ⅳ区数据通信网关机发送信息，并由Ⅳ区数据通信网关机传输给其他主站系统。

（5）综合应用服务器：单套配置，接收站内一次设备状态监测数据、站内辅助应用等信息，进行集中处理、分析和展示。

（6）网络打印机。在站控层设置网络打印机，取消装置屏上的打印机，打印全站各装置的保护告警、事件、波形等。

2. 间隔层设备

间隔层设备包括继电保护、安全自动装置、测控装置、故障录波、电能计量、储能变流器（PCS）、电池管理系统（BMS）等设备。在站控层及网络失效的情况下，仍能独立完成间隔层设备的就地监控保护功能。

3. 网络设备

网络通信设备包括网络交换机、光/电转换器、接口设备和网络连接线、电缆、光缆及网络安全设备等。

（1）站控层交换机。全站配置 2 台Ⅰ区站控层中心交换机、2 台Ⅱ区站控层中心交换机，每台交换机端口数量应满足应用需求。

（2）间隔层交换机。间隔层交换机数量根据工程规模配置，35（10）kV 间隔层交换机宜就地布置于开关柜内。

4. 就地监控系统

大规模储能电站宜配置就地监控系统，实现对储能设备的分区监视，宜具备运行信息采集、事件记录、远程维护和自诊断、数据存储、通信、程序自恢复、本地显示等功能。

6.5 元件保护

6.5.1 220（110）kV 主变压器保护

220（110）kV 主变电量保护按双重化配置，每套保护包含完整的主、后备保护功能；非电量保护单套配置。保护装置安装于主变压器保护柜内。

6.5.2 35（10）kV 变压器、无功补偿设备保护

35kV 及以下升压变压器、站用变压器、无功补偿设备保护宜按间隔单套配置，采用保护、测控集成装置，就地安装于开关柜内。

6.5.3 电池本体保护

电池本体的保护主要由电池管理系统（BMS）实现。BMS 应全面监测电池的运行状态，包括电压、电流、温度、荷电状态（SOC）等，故障时发出告警信号。BMS 应具备过压保护、欠压保护、过流保护、过温保护和直流绝缘监测等功能。BMS 应支持 DL/T 634.5104 或 DL/T 860 通信，配合 PCS 及计算机监控系统完成储能单元的监控及保护。

6.5.4 储能变流器（PCS）保护

储能变流器（PCS）保护配置见表 6-1。

表 6-1　　　　　　　　　　　　　　　　储能变流器（PCS）保护配置

分类	保护配置
本体保护	功率模块过流、功率模块过温、功率模块驱动故障
直流侧保护	直流过压/欠压保护、直流过流保护、直流输入反接保护
交流侧保护	交流过压/欠压保护、交流过流保护、频率异常保护、交流进线相序错误保护、电网电压不平衡度保护、输出直流分量超标保护、输出直流谐波超标保护、防孤岛保护
其他保护	冷却系统故障保护、通信故障保护

PCS 应具备低电压穿越和电网适应性功能。PCS 应支持 DL/T 634.5104 或 DL/T 860 通信，应能配合计算机监控系统及电池管理系统完成储能单元的监控及保护。

6.6　交直流一体化电源系统

6.6.1　系统组成

站用交直流一体化电源系统由站用交流电源、直流电源、交流不间断电源（UPS）、直流变换电源（DC/DC）及监控装置等组成。监控装置作为一体化电源系统的集中监控管理单元。

系统中各电源通信规约应相互兼容，能够实现数据、信息共享。系统的总监控装置应通过以太网通信接口采用 DL/T 860《变电站通信网络和系统》规约与储能电站后台设备连接，实现对一体化电源系统的监视及远程维护管理功能。

6.6.2　站用交流电源

采用三相四线制接线、380V/220V 不接地系统。每台站用变压器各带一段母线、同时带电分列运行，并设置联络开关。重要负荷采用双回路供电。必要时可配置交流分电屏（柜）。

6.6.3　直流电源

1. 直流系统电压

直流电源额定电压采用 220V，通信电源额定电压－48V。

2. 蓄电池型式、容量及组数

直流系统应装设 2 组阀控式密封铅酸蓄电池（或带浮充功能满足运行要求的磷酸铁锂电池）。

蓄电池容量宜按 2h 事故放电时间计算；对地理位置偏远的储能电站，宜按 4h 事故放电时间计算。

3. 接线方式

直流系统采用单母线或单母线分段接线，设联络开关，每组蓄电池及其充电装置应分别接入不同母线段。正常运行时分段开关打开，两段母线切换时不中断供电，切换过程中允许两组蓄电池短时间并联运行。

每组蓄电池均应设专用的试验放电回路，试验放电设备宜经隔离和保护电器直接与蓄电池组出口回路并接。

4. 充电装置台数及型式

直流系统采用高频开关充电装置，宜配置 2 套，单套模块数 n_1（基本）＋n_2（附加）。

5. 直流系统供电方式

直流系统采用辐射型供电方式。在负荷集中区可设置直流分屏（柜）。

6.6.4 交流不停电电源系统

全站设置 2 套交流不停电电源系统（UPS），UPS 正常运行时由站用交流电源供电，当输入电源故障消失或整流器故障时，由站用直流电源系统供电。UPS 电源采用单母线分段接线，同时带电分列运行。

6.6.5 直流变换电源装置

全站宜配置两套直流变换电源装置，采用高频开关模块型。直流变换电源装置直流输入标称电压为 220V，直流输出标称电压为－48V。

6.6.6 总监控装置

系统应配置 1 套总监控装置，作为直流电源及不间断电源系统的集中监控管理单元，应同时监控站用交流电源、直流电源、交流不间断电源（UPS）和直流变换电源（DC/DC）等设备。

6.7 时间同步系统

全站配置 1 套公用的时间同步系统，主时钟应双台冗余配置，每台主时钟应支持北斗导航系统（BD）、全球定位系统（GPS）和地面授时信号，优先采用北斗导航系统。时间同步系统应具备对被授时设备时间同步状态监测的功能。时间同步监测模块集成于时间同步装置，采用独立模块，用于监测时间同步装置及被授时设备的时间同步状态，主时钟作为授时源为站内设备提供时间同步信号，由备时钟监测模块负责站内被授时设备时间同步监测。

时间同步系统对时范围包括监控系统站控层设备、保护装置、测控装置、故障录波装置、相量测量装置及站内其他智能设备等。站控层设备宜采用简单网络时间协议（SNTP）对时方式，条件具备时优先采用 IRIG-B 对时。间隔层设备应采用 IRIG-B 对时，优先采用光 B 码。

6.8 辅助控制系统

全站配置 1 套智能辅助控制系统实现图像监视及安全警卫、火灾报警、消防、照明、采暖通风、环境监测等系统的智能联动控制。智能辅助控制系统包括智能辅助系统综合监控平台、图像监视及安全警卫子系统、火灾自动报警及消防子系统、环境监测子系统等。

储能电池舱内宜配置红外测温高清摄像机，以监视储能电池表面温度。

6.9 电能质量在线监测

储能电站应配置 1 套 A 类电能质量在线监测装置，电能质量参数包括电压、频率、谐波、功率因数等。

6.10 二次设备组柜及布置

6.10.1 二次设备类别

二次设备主要包括以下几类：

（1）站控层设备：包含监控系统站控层设备、调度数据网络设备、二次系统安全防护设备等。

（2）公用设备：包含公用测控装置、时间同步系统、电能量计量系统、故障录波装置、辅助控制系统等。

（3）通信设备：包含光纤系统通信设备、站内通信设备等。

（4）电源系统：包含站用交流电源、直流电源、交流不间断电源（UPS）、直流变换电源（DC/DC）、蓄电池等。

（5）间隔设备：包含各电压等级间隔的保护、测控装置、电能表、母线测控装置、交换机等。

根据储能电站布置形式的不同，站控层设备、公用设备、通信设备、电源系统布置于建筑物二次设备室内或二次设备预制舱内，35（10）kV 间隔设备安装于开关柜内。

6.10.2 二次设备组柜原则

1. 站控层设备组柜原则

（1）监控主机兼数据服务器柜 1 面，包括监控主机兼操作员站 2 台、数据服务器 2 台。

（2）Ⅰ区远动通信柜 1 面，包括Ⅰ区数据通信网关机（兼图形网关机）2 台、Ⅰ区站控层中心交换机 2 台，防火墙 2 台。

（3）Ⅱ区远动通信柜 1 面，包括Ⅱ区数据通信网关机 2 台、Ⅱ区站控层中心交换机 2 台，网络安全监测装置 1 台。

（4）调度数据网设备柜 2 面，每面柜包括路由器 1 台、数据网交换机 2 台、纵向加密装置 2 台。

（5）综合应用服务器柜 1 面，包括综合应用服务器 1 台、Ⅳ区数据通信网关机 1 台、交换机 1 台，防火墙 1 台，正、反向隔离装置各 1 台。

2. 间隔层设备组柜原则

（1）电能量远方终端、关口计量表组柜 1～2 面。

（2）同步相量测量装置组柜 1 面。

（3）电能质量在线监测装置组柜 1 面。

（4）35（10）kV 保护测控装置就地布置于开关柜。

（5）就地监控装置、就地交换机按需组柜。

3. 其他二次系统组柜原则

（1）故障录波装置组柜 1 面。

（2）时间同步系统组柜 1～2 面。

（3）智能辅助控制系统组柜 1～2 面。

（4）预制舱内宜预留 1～3 面屏柜；二次设备室内可按终期规模的 10%～15% 预留。

6.10.3 柜体要求

（1）二次设备室（舱）内柜体尺寸宜统一。靠墙布置二次设备宜采用前接线前显示设备，屏柜宜采用 2260mm×800mm×600mm（高×宽×深，高度中包含 60mm 眉头）；设备不靠墙布置采用后接线设备时，屏柜宜采用 2260mm×600mm×600mm（高×宽×深，高度中包含 60mm 眉头）。站控层服务器柜可采用 2260mm×600mm×900mm（高×宽×深，高度中包含 60mm 眉头）。

（2）当预制舱式二次组合设备采用机架式结构时，机架单元尺寸宜采用 2260mm×700mm×600mm（高×宽×深，高度中包含 60mm 眉头）。

（3）全站二次系统设备柜体颜色应统一。

（4）预制舱二次组合设备内二次设备宜采用前接线、前显示式装置，二次设备采用双列靠墙布置。

6.11 互感器二次参数要求

6.11.1 对电流互感器的要求

（1）电流互感器二次绕组的数量和准确级应满足继电保护、自动装置、电能计量和测量仪表的要求。

（2）电流互感器二次额定电流宜采用5A。

（3）电流互感器二次绕组所接入负荷，应保证实际二次负荷在25%～100%额定二次负荷范围内。

（4）电流互感器计量级精度需达到0.2S级。

6.11.2 对电压互感器的要求

（1）电压互感器二次绕组的数量、准确等级应满足电能计量、测量、保护和自动装置的要求。

（2）故障录波可与保护共享一个二次绕组。

（3）保护、测量共享电压互感器的准确级为0.5（3P），计量次级的精度应达到0.2级。

（4）电压互感器的二次绕组额定输出，应保证二次负荷在额定输出的25%～100%范围，以保证电压互感器的准确度。

（5）计量用电压互感器二次回路允许的电压降应满足不同回路要求；保护用电压互感器二次回路允许的电压降应在互感器负荷最大时不大于额定二次电压的3%。

6.12 光缆、网线、电缆选择及敷设

1. 光缆选择

（1）跨房间、跨场地不同屏柜间二次设备通信连接宜采用光缆。

（2）多芯光缆芯数不宜超过24芯。

（3）预制舱式二次组合设备内部屏柜间光缆接线全部由集成商在工厂内完成，现场施工宜采用预制光缆实现二次光缆接线即插即用。

（4）除线路纵联保护专用光纤外，其余宜采用缓变型多模光纤。

（5）室外光缆宜采用铠装非金属加强芯阻燃光缆，当采用槽盒或穿管敷设时，宜采用非金属加强芯阻燃光缆，光缆芯数宜选用4、8、12、24芯。

（6）室内不同屏柜间二次装置连接宜采用尾缆，尾缆宜采用4、8、12芯规格，柜内二次装置间连接宜采用跳纤。

（7）每根光缆或尾缆应至少预留2芯备用芯，一般预留20%备用芯。

2. 网线选择

室内通信联系宜采用超五类屏蔽双绞线。

3. 电缆选择

应符合GB 50217的规定。

4. 光缆、网线、电缆敷设

应符合GB 50217的规定。

6.13 二次设备的接地、防雷、抗干扰

二次设备防雷、接地和抗干扰应满足 GB/T 50065《交流电气装置的接地设计规范》、DL/T 5136《火力发电厂、变电站二次接线设计技术规程》的规定。

接地应满足以下要求：

（1）在二次设备室、敷设二次电缆的沟道、就地端子箱及保护用结合滤波器等处，使用截面不小于 $100mm^2$ 的裸铜排敷设与储能电站主接地网紧密连接的等电位接地网。

（2）在二次设备室（舱）内，沿屏（柜）布置方向敷设截面不小于 $100mm^2$ 的专用接地铜排，并首末端连接后构成室（舱）内等电位接地网。室（舱）内等电位接地网必须用至少 4 根以上、截面不小于 $50mm^2$ 的铜排（缆）与储能电站的主接地网可靠接地。

（3）沿二次电缆的沟道敷设截面不少于 $100mm^2$ 的裸铜排（缆），构建室（舱）外的等电位接地网。开关场的就地端子箱内应设置截面不少于 $100mm^2$ 的裸铜排，并使用截面不少于 $100mm^2$ 的铜缆与电缆沟道内的等电位接地网连接。

预制舱的接地及抗干扰还应满足以下要求：

（1）预制舱应采用屏蔽措施，满足二次设备抗干扰要求。对于钢柱结构房，可采用 $40mm×4mm$ 的扁钢焊成 $2m×2m$ 的方格网，并连成六面体，与周边接地网相连，网格可与钢构房的钢结构统筹考虑。

（2）在预制舱静电地板下层，按屏柜布置的方向敷设 $100mm^2$ 的专用铜排，将该专用铜排首末端连接，形成预制舱内二次等电位接地网。屏柜内部接地铜排采用 $100mm^2$ 的铜带（缆）与二次等电位接地网连接。舱内二次等电位接地网采用 4 根以上截面积不小于 $50mm^2$ 的铜带（缆）与舱外主地网一点连接。连接点处需设置明显的二次接地标识。

（3）预制舱内暗敷接地干线，Ⅰ型预制舱宜在离活动地板 300mm 处设置 2 个临时接地端子，Ⅱ型、Ⅲ型预制舱宜在离活动地板 300mm 处设置 3 个临时接地端子。舱内接地干线与舱外主地网宜采用多点连接，不小于 4 处。

第 7 章 土 建 部 分

7.1 站址基本条件

海拔≤1000m，设计基本地震加速度 0.10g，场地类别按Ⅱ类考虑；设计基准期为 50 年，设计风速 V_0≤30m/s，天然地基承载力特征值 f_{ak}＝120kPa，假设场地为同一标高，无地下水影响。

7.2 总平面及竖向布置

7.2.1 站址征地

站址征地图应注明坐标及高程系统，应标注指北针，并提供测量控制点坐标及高程。在地形图上绘出储能电站围墙及进站道路的中心线、征地轮廓线及规划控制红线等。

7.2.2 总平面布置图

（1）储能电站的总平面布置应根据生产工艺、运输、防火、防爆环境保护和施工等方面的要求，按最终规模对站区的建（构）筑物、管线及道路进行统筹安排。

（2）储能电站内，电池预制舱与站内配电装置室、二次设备室（舱）、升压变压器、PCS、生产综合楼等建（构）筑物的防火间距应符合 GB 51048 的有关规定。

（3）电池预制舱之间的间距不应小于 3m，如两台预制舱并列放置间距小于 3m 时，其间应设置防火墙。

（4）场地处理。储能配电装置场地宜采用碎石地坪，不设检修小道，操作地坪按电气专业要求设置。湿陷性黄土地区应设置灰土封闭层。雨水充沛的地区，可简易绿化，但不应设置管网等绿化设施，控制绿化造价。

规划部门对绿化有明确要求时，可进行简易绿化，但应综合考虑养护管理，宜选择经济合理的本地区植物，不应选用高级乔灌木、草皮或花木。

7.2.3 竖向布置

（1）竖向布置的形式应综合考虑站区地形、场地及道路允许坡度、站区排水方式、土石方平衡等条件来确定，场地的地面坡度不宜小于 0.5％。

（2）图中应标出站区各建（构）筑物、道路、配电装置场地、围墙内侧及站区出入口处的设计标高，建筑物设计标高以室内地坪为±0.000，并注明与场地的高度关系。标明场地、道路及排水沟排水坡度及方向。

7.2.4 土（石）方平衡

根据总平面布置及竖向布置要求，采用横断面法、方格网法、分块计算法或经鉴定的计算软件计算土（石）方工程量，绘制场区土方图，编制土方平衡表。对土方回填或开挖的技术要求做必要说明。

7.3 站内外道路

7.3.1 站内外道路平面布置

（1）站内外道路的型式。进站道路和站内道路宜采用公路型道路，湿陷性黄土地区、膨胀土地区宜采用城市型道路；路面可采用混凝土路面或沥青混凝土路面。采用公路型道路时，路面（路边缘）宜高于场地设计标高150mm。

（2）站内道路宜采用环形道路。储能电站大门宜面向站内电气主设备运输道路。

储能电站大门及道路的设置应满足电气设备、大型装配式预制件、预制舱式二次组合设备等整体运输的要求。

站内道路宽度为4m，消防道路宽度为4.5m、转弯半径不小于9m；站内消防道路边缘距离建筑物（长/短边）外墙距离不宜小于5m。道路外边缘距离围墙轴线距离为1.5m。

（3）其他。进站道路与桥涵或沟渠等交汇处应标明其坐标并绘制断面详图。站内道路平面布置应标明站内地下管沟，并标示穿越道路管沟的位置。

7.3.2 进站道路

（1）进站道路按GBJ 22规定的四级厂矿道路设计，宜采用公路型混凝土道路，路面混凝土强度≥C25。

（2）进站道路最大限制纵坡应能满足大件设备运输车辆的爬坡要求，不宜大于6%。

7.3.3 站内道路

（1）站内道路宜采用公路型混凝土道路，路面混凝土强度≥C25。

（2）站内道路纵坡不宜大于6%，山区储能电站或受条件限制的地段可加大至8%，但应考虑相应的防滑措施。

7.4 建筑

7.4.1 建筑物

（1）建筑应严格按工业建筑标准设计，风格统一、造型协调、方便生产运行，并做好建筑"四节（节能、节地、节水、节材）一环保"工作，建筑材料选用因地制宜，选择节能、环保、经济、合理的材料。

（2）储能电站中建（构）筑物的耐火等级不应低于二级。

（3）建筑物按无人值守运行设计。

（4）半户内储能电站设有综合楼一栋，除储能电池预制舱布置于户外，其余电气设备均布置于生产综合楼内；全户外储能电站所有的电气设备放置在户外，不设建筑物。

（5）建筑设计的模数应结合工艺布置要求协调，宜按GB 50006执行。

7.4.2 墙体

（1）建筑物外墙板及其接缝设计应满足结构、热工、防水、防火及建筑装饰等要求，内墙板设计应满足结构、隔声及防火要求。

（2）内墙板采用防火石膏板或轻质复合墙板。

（3）建筑物的防火墙宜采用纤维水泥板、防火石膏板复合墙体。

7.4.3 屋面

（1）屋面宜设计为结构找坡，平屋面采用结构找坡不得小于5%，建筑找坡不得小于3%，天沟、檐沟纵向找坡不得小于1%，寒冷地区建筑物屋面宜采用坡屋面，坡屋面坡度应符合设计规范要求。

（2）屋面采用有组织防水，防水等级采用Ⅰ级。

7.4.4 装饰装修

（1）室内采用保温、铺地、装饰材料时，其燃烧性能应达到GB 8624规定的A级。

（2）建筑外装饰色彩与周围景观相协调，内墙和顶棚涂料采用无机涂料。

（3）储能电站内建筑楼、地面做法应按照现行国家标准图集或地方标准图集选用，无标准选用时，可按国家电网公司输变电工程标准工艺选用。

7.4.5 门窗

（1）门采用木门、钢门、铝合金门、防火门，建筑物一层门窗采取防盗措施。

（2）外窗宜采用断桥铝合金门窗或塑钢窗，窗玻璃宜采用中空玻璃。蓄电池室、卫生间的窗采用磨砂玻璃。

（3）建筑外门窗抗风压性能分级不得低于4级，气密性能分级不得低于3级，水密性能分级不得低于3级，保温性能分级为7级，隔音性能分级为4级，外门窗采光性能等级不低于3级，多层建筑需设置灭火救援窗。

（4）有防火要求的房间，应采用防火门窗。

7.4.6 楼梯、坡道、台阶及散水

（1）楼梯采用装配式钢结构楼梯。楼梯尺寸设计应经济合理。楼梯间轴线宽度宜为3m，踏步高度不宜小于0.15m，步宽不宜大于0.3m。踏步应防滑。室内台阶踏步数不应小于2级。当高差不足2级时，应按坡道要求设置。

（2）楼梯梯段改变方向时，扶手转向端处的平台最小宽度不应小于梯段宽度，并不得小于1.2m。

（3）室内楼梯扶手高度不宜小于900mm，靠楼梯井一侧水平扶手长度超过500mm时，其高度不应小于1050mm。

（4）楼梯栏杆扶手宜采用硬杂木加工木扶手，不宜采用不锈钢等高档装饰材料。

（5）踏步、坡道、台阶采用细石混凝土或水泥砂浆材料。

（6）细石混凝土散水宽度为0.6m，湿陷性黄土地区不得小于1.05m，散水与建筑物外墙间应留置沉降缝，缝宽20~25mm，纵向6m左右设分隔缝一道。

7.4.7 建筑节能

（1）控制建筑物窗墙比，窗墙比应满足国家规范要求。

（2）建筑外窗选用中空玻璃，改善门窗的隔热性能。

（3）墙面、屋面宜采用保温隔热层设计。

7.5 结构

7.5.1 设计参数

应按如下参数进行结构设计：

（1）建筑结构安全等级按二级，结构重要性系数为1.0，结构设计使用年限50年。

（2）抗震设计主要参数：站址区抗震设防烈度 7 度，建筑抗震加速度值取 0.10g，按 7 度抗震措施进行设防。

（3）设计环境等级条件：室内为一类、室外为二 a 类。

7.5.2 设计荷载

设计荷载应满足如下要求：

（1）恒载：根据 GB 50009 的材料容重，按该荷载对结构有利和不利情况分别进行计算。

（2）活载：屋面（不上人）为 0.7kN/m²。

（3）建筑等工艺设备房间荷载按设备厂方提供的工艺设计荷载考虑。

（4）50 年一遇基本风压值 0.45kN/m²。

（5）B 类地面粗糙度。

（6）50 年一遇基本雪压值 0.50kN/m²。

7.5.3 结构型式

建筑物采用混凝土框架结构或砌体结构。

7.6 构筑物

7.6.1 围墙

（1）围墙形式可采用大砌块实体围墙。砌体材料因地制宜，采用环保材料（如混凝土空心砌块），高度不低于 2.3m，砌块推荐尺寸为 600mm（长）×300mm（宽）×200mm（高）或 600mm（长）×200mm（宽）×200mm（高），围墙中及转角处设置构造柱，构造柱间距不宜大于 3m，采用标准钢模浇制。当造价较为经济时，可采用装配式围墙，如城市规划有特殊要求的储能电站可采用通透式围墙。

（2）饰面及压顶。围墙饰面采用水泥砂浆或干粘石抹面，围墙压顶应采用预制压顶。

（3）围墙变形缝。围墙变形缝宜留在墙垛处，缝宽 20～30mm，并与墙基础伸缩缝上下贯通，变形缝间距 10～20m。

7.6.2 大门

储能电站大门宜采用电动实体推拉门，门高不宜小于 2.0m。

7.6.3 电池舱间防火墙

（1）电池舱间防火墙宜采用框架＋大砌块、框架＋预制墙板、组合钢模板清水钢筋混凝土等形式，墙体需满足耐火极限≥3h 的要求。

（2）电池舱间防火墙应高出电池预制舱顶 1m，墙长应不小于电池预制舱两侧各 1m。

（3）防火墙墙体材料应采用环保材料，宜就地取材，墙体材料可采用混凝土空心砌块，砌体尺寸推荐为 600mm×300mm×300mm 水泥砂浆抹面。

7.6.4 电缆沟

（1）配电装置区不设置电缆支沟，可采用电缆埋管或电缆排管，电缆沟宽度宜采用 1100、1400mm 等。

（2）电缆支沟可采用电缆槽盒，主电缆沟宜采用砌体、现浇混凝土或钢筋混凝土沟体，砌体沟体顶部宜设置预制压顶，沟深≤1000mm 时，沟体宜采用砌体，沟体≥1000mm 或离路边 1000mm 时，沟体宜采用现浇混凝土，在湿陷性黄土地区及寒冷地区，采用混凝土电缆沟，电缆沟沟壁应高出场地地坪 100mm，当造价较为经济时，可采用装配式电缆沟。

（3）电缆沟盖板采用包角钢混凝土盖板或有机复合盖板，风沙地区盖板应带槽口盖板，盖板每边宜超出沟壁（压顶）外沿 50mm，电缆沟支架宜采用角钢支架，潮湿环境下，宜采用复合支架。

7.7 水工

（1）储能电站给水排水设计应符合 GB 50015 的规定。给水水源包括市政给水管网、生活贮水池（箱）等，优先选用市政给水管网，生活用水水质应符合 GB 5749 的规定。

（2）储能电站生活排水、雨水、生产废水等应采用分流制，生活排水、生产废水应处理达标符合相关排水标准后排放或内回用。

7.8 暖通

（1）采暖、通风与空气调节设计应符合 GB 50019 及 GB 50016 的规定。

（2）配电装置室夏季室内温度不宜高于 40℃，通风系统进排风设计温差不应超过 15℃。配电装置室应设机械通风。

（3）PCS 及变压器室通风量应满足排出室内设备发热量要求。

（4）二次设备室（舱）或其他工艺设备要求的房间宜设置空调。空调房间的室内温度、湿度应满足工艺要求。

（5）通风空调设备应与火灾报警系统联锁。

第8章 消 防 部 分

8.1 设计原则

消防设计必须贯彻"预防为主，防消结合"的方针，电池的消防满足现行国家规程规范要求，储能电站内设置水消防系统。

8.2 电池安全技术要求

（1）磷酸铁锂电池选型应符合下列要求：

1）磷酸铁锂电池单体、模块、簇，其安全性能应符合 GB/T 36276，并提供相应检测报告。

2）单体电池额定容量不宜小于 80Ah。

3）单体电池的壳体应采用阻燃材料，具备防爆功能，阻燃等级不低于 V-0。

4）电池模块的标称电压不宜超过 60V。

5）如采用软体磷酸铁锂储能电池，设备厂家应提供经实体火灾模拟试验验证有效的灭火技术方案。

（2）电池模块端子极性标识应正确、清晰，正极标志为红色"$\oplus$"，负极标志为黑色"$\ominus$"，具备结构性防反接功能，防止电池模块成簇接线时出现人为短路。

（3）电池模块、电池簇结构应符合以下要求：

1）电池模块成组设计时应考虑在触电、短路或紧急情况下迅速断开回路，进行事故隔离，保证人身安全。

2）电池模块、簇外壳设计，应与固定自动灭火系统相关技术要求匹配，保留部分非密封面，便于实施灭火。

8.3 电池管理系统安全技术要求

（1）电池管理系统（BMS）应符合现行 GB/T 34131 的规定，并增加可燃气体监测功能。

（2）电池管理系统（BMS）应具有保护功能，具备电池过压保护、欠压保护、过流保护、短路保护、绝缘保护等电量保护功能，具备过温保护、气体保护等非电量保护功能，并能发出分级告警信号或跳闸指令，实现故障隔离。

（3）每个电池模块的温度采集点数不少于 4 个，且每个串联节点至少设置 1 个温度采集点。

（4）电池簇并网时，应具有防止产生环流的措施。

8.4 电池预制舱安全技术要求

（1）电池预制舱设计应满足防火和防爆要求：

1）电池预制舱内采用保温、铺地、装饰材料时，其燃烧性能应达到 GB 8624 规定的 A 级。

2）电池预制舱隔墙上有管线穿过时，管线四周空隙应采用防火封堵材料封堵；防火封堵材料应满足 GB 23864 的要求。

（2）电池预制舱防爆应符合以下要求：

1）舱内应设置至少 2 套防爆型通风装置。排风口至少上下各 1 处，每分钟总排风量不小于预制舱容积，严禁产生气流短路。通风装置应可靠接地。

2）设置防爆照明灯具和防爆开关。

3）宜将电池预制舱门设为泄压口。

（3）每个预制舱应设置 H_2、CO 等可燃气体探测采集点数不少于 3 个。

（4）可燃气体探测器宜选用红外光学型，采用防爆隔爆技术，具有硬接点、RS485 等至少两路通信接口。每个可燃气体探测器一路信号传输给 BMS，进行判断，发出告警、跳闸，启动风机和预制舱外警示灯，并上送至监控系统；另一路信号传输给火灾报警控制器，用于启动灭火系统。

8.5 火灾报警系统

（1）储能电站中火灾自动报警系统的设计，应满足 GB 50116 的相关规定。

（2）储能电站内电池区域与其他功能区域的火灾报警及其联动控制系统应分开设置，报警信号上传至地区监控中心及相关单位。

（3）火灾报警系统宜设置在消防设备舱（室）内，或设置在二次设备舱（室）。

8.6 消防给水系统

全站设置独立的消防给水系统。消防用水可由市政给水管网、消防水池或天然水源供给，优先采用市政给水管网，当站区符合 GB 50974 中 4.3.1，则在站区设置消防水池、消防泵房等。

根据 GB 51048，储能电站消防给水系统设计中同一时间内的火灾次数按一次设计，消防给水量按火灾时最大一次室内和室外消防用水量之和计算。当站区设置消防水池，消防水池有效容积应满足火灾时最大一次用水量中由消防水池供给的容量。

8.6.1 室内、室外消火栓给水系统

建筑物按建筑体积、火灾危险性分类及耐火等级确定是否设置建筑消防给水及室内、室外消火栓系统。

储能电站电池区域设置移动式冷却水设施，移动式冷却宜为室外消火栓或消防炮。

8.6.2 固定式自动灭火系统

电池区域应设置固定式自动灭火系统，所选用灭火系统类型、技术参数应经模块级磷酸铁锂电池火灾模拟试验验证。

8.7 灭火救援设施

储能电站中建筑物灭火器配置应符合 GB 50140 的有关规定。

储能电站内配置正压式空气呼吸器，不少于 2 套。正压式空气呼吸器应放置在专用设备柜内，定期检查，确保完好可用。

![STATE GRID 国家电网]

国网江苏省电力有限公司经济技术研究院
STATE GRID JIANGSU ELECTRIC POWER CO.,LTD. ECONOMIC RESEARCH INSTITUTE

电化学储能电站典型设计方案及实例

第 9 章 技 术 总 结

9.1 技术总结表

电化学储能电站技术总结表见表 9-1。

表 9-1   **技 术 总 结 表**

序号	典型设计方案编号	建设规模（容量/功率）	电池技术方案	接入方案	技术方案及布置方案简述	围墙内占地面积（m²）/建筑面积（m²）
1	10-B-10	10.08MW/17.6MWh		110kV	半户内布置形式。电池布置于户外预制舱内；设置综合楼一栋，升压变压器、10kV 配电装置、站用变压器等位于综合楼内，二次系统采用模块化式组合设备布置于综合楼内	1558/257
2	10-A-10				全户外布置形式。电池、升压变压器、10kV 配电装置、站用变压器位于各自预制舱，二次系统采用预制舱式二次组合设备	1820/0
3	20-B-10	20.16MW/35.2MWh		10kV	半户内布置形式。电池布置于户外预制舱内；设置综合楼一栋，升压变压器、二次设备、10kV/35kV 配电装置、站用变压器等位于综合楼内	3022.5/422
4	20-B-35		磷酸铁锂电池，1.26MW/2.2MWh 构成一个储能单元，电池单体充放电深度不小于85%	35kV		3308.4/548
5	40-B-35	40.32MW/70.4MWh		35kV	半户内布置形式。电池布置于户外预制舱内；设置综合楼一栋，升压变压器、二次设备、35kV 配电装置、站用变压器等位于综合楼内，二次系统采用模块化式组合设备布置于综合楼内	5668.4/2138.4
6	40-B-110			升压至 110kV	半户内布置形式。电池布置于户外预制舱内，升压变压器就近布置于升压室内；站内建设 110kV 升压站一座，包含综合楼一栋，配电装置、站用变压器、二次系统模块化组合设备等布置于楼内	7488/1711
7	100-B-110	100.8MW/176MWh		升压至 110kV	半户内布置形式。电池布置于户外预制舱内，升压变压器就近布置于升压室内；站内建设 110kV 升压站一座，包含综合楼一栋，配电装置、站用变压器、二次系统模块化组合设备等布置于楼内	18312/1233
8	100-B-220			升压至 220kV	半户内布置形式。电池布置于户外预制舱内，升压变压器就近布置于升压室内；站内建设 110kV 升压站一座，包含综合楼一栋，配电装置、站用变压器、二次系统模块化组合设备等布置于楼内	18312/1299

9.2 全户外方案

10-A-10 方案主要技术条件见表 9-2。

表 9-2 10-A-10 方案主要技术条件

序号	项目		技术条件
1	设计容量		10.08MW/17.6MWh
2	储能单元	储能单元	1.26MW/2.2MWh，两个储能单元构成一个预制舱式储能电池，舱体长×宽 12200mm×2800mm
3	储能升压单元	PCS 升压变压器 环网柜	630kW 户内干式变压器，2800kVA，10.5±2×2.5％/0.38kV，$U_d=6.5\%$ 负荷开关 12kV，20kA
4	汇流母线	接线形式 配电装置	10kV 汇流母线采用单母线分段接线 选用 10kV 金属铠装移开式开关柜，1250A，25kA
5	站用变压器		630kVA，户内干式变压器，10.5±2×2.5％/0.4kV，$U_d=6\%$
6	布置形式		户外预制舱储能电池背靠背布置，就地布置储能升压舱，全站布置一个二次设备舱、一个 10kV 配电装置舱及站用变压器舱
7	二次系统		全站采用预制舱式二次组合设备，舱内二次屏柜接线前显示；储能电站计算机监控系统按照一体化监控设计； 10kV 采用保护测控集成装置，布置于开关柜内； 采用一体化电源系统，通信电源不单独设置
8	土建部分		围墙内占地面积 1820m²；全站总建筑面积 0m²；消防水池有效容积 351m³

方案图纸见图 9-1 和图 9-2。

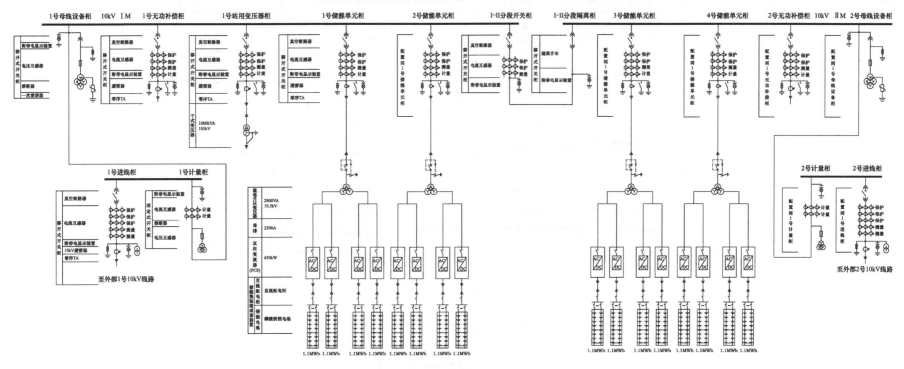

图 9-1　10-A-10 方案电气主接线

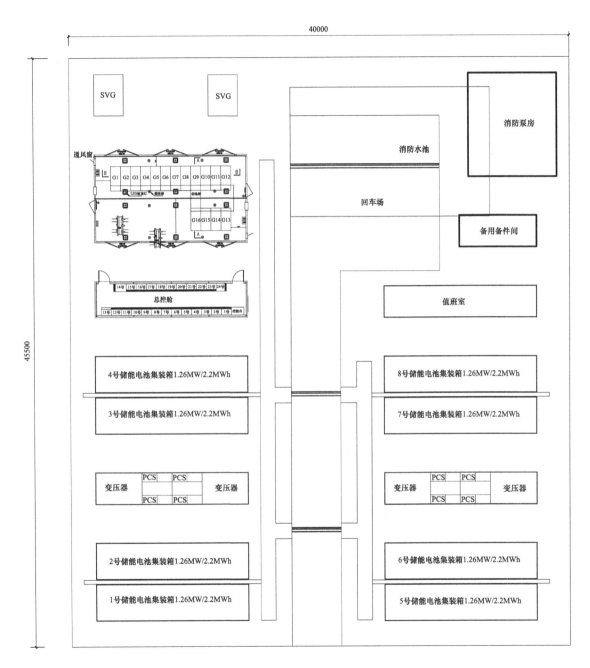

图 9-2   10-A-10 方案电气总平面

9.3 半户内方案

9.3.1 10-B-10 方案

10-B-10 方案主要技术条件见表 9-3。

表 9-3

10-B-10 方案主要技术条件

序号	项目		技术条件
1	设计容量		10.08MW/17.6MWh
2	储能单元	储能单元	1.26MW/2.2MWh，两个储能单元构成一个预制舱式储能电池，舱体长×宽 12200mm×2800mm
3	储能升压单元	PCS 升压变压器 环网柜	630kW 户内干式变压器，2800kVA，10.5±2×2.5%/0.38kV，U_d=6.5% 负荷开关 12kV，20kA
4	汇流母线	接线形式 配电装置	10kV 汇流母线采用单母线分段接线 选用 10kV 金属铠装移开式开关柜，1250A，25kA
5	站用变压器		630kVA，户内干式变压器，10.5±2×2.5%/0.4kV，U_d=6%
6	布置形式		户外预制舱储能电池背靠背布置，设置综合楼一栋，一层布置储能升压单元，二层设置 10kV 配电装置等，三层设置二次设备室等
7	二次系统		全站采用模块化二次设备；储能电站计算机监控系统按照一体化监控设计；10kV 采用保护测控集成装置； 采用一体化电源系统，通信电源不单独设置
8	土建部分		围墙内占地面积 1558m²；全站总建筑面积 257m²；消防水池有效容积 351m³

方案图纸见图 9-3～图 9-7。

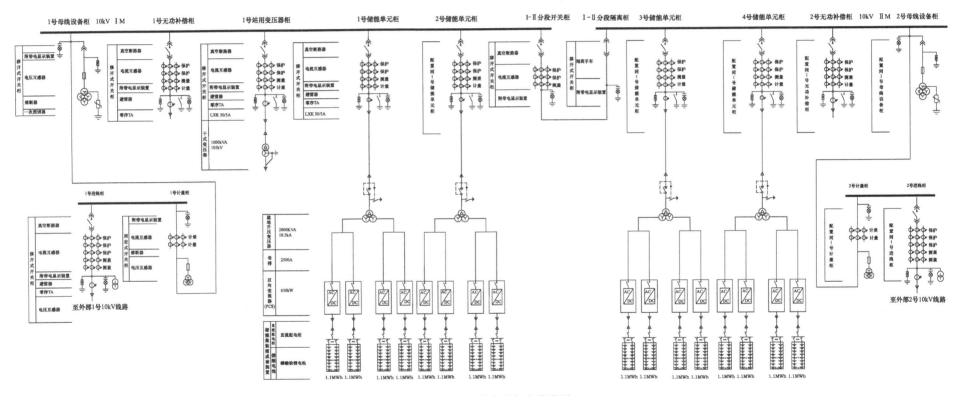

图 9-3　10-B-10 方案电气主接线图

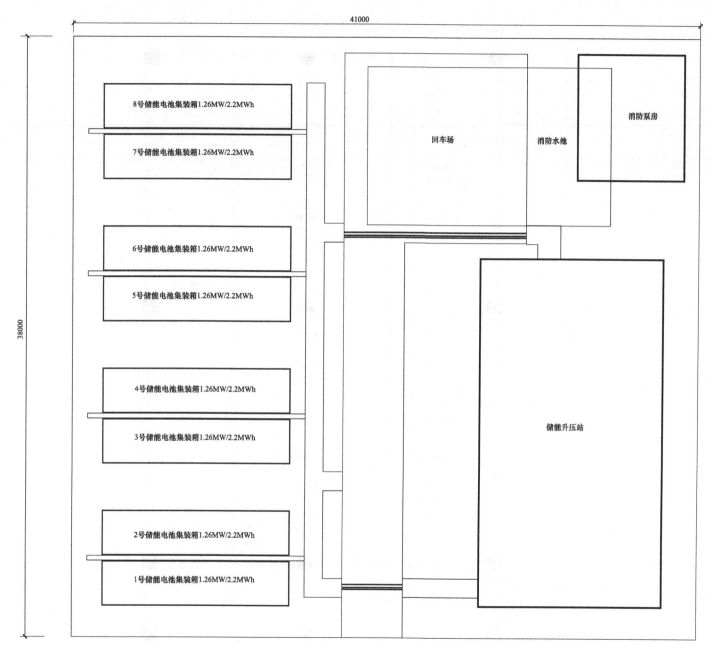

图 9-4　10-B-10 方案电气总平面

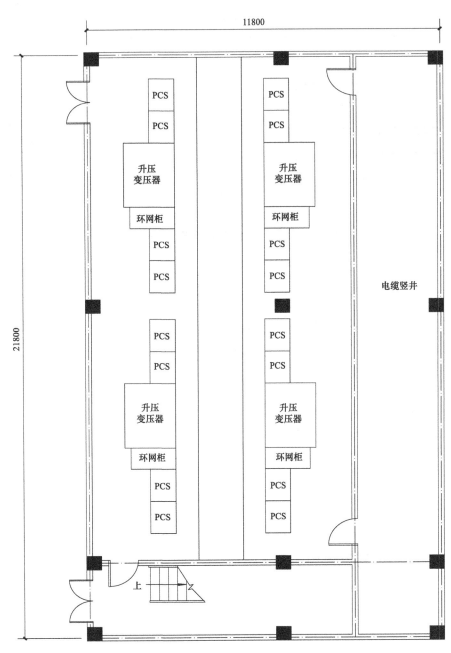

图 9-5　储能升压站一层平面布置图

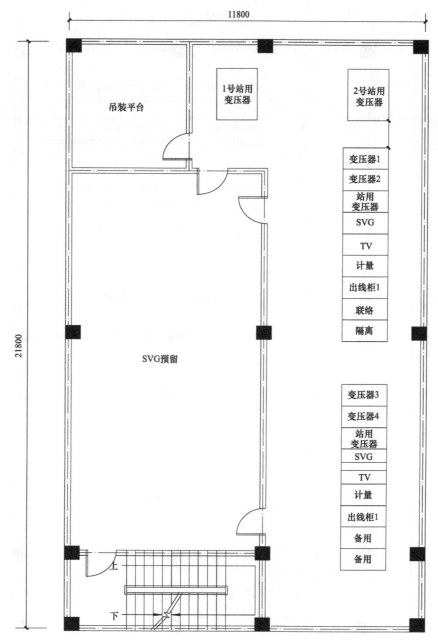

图 9-6　储能升压站二层平面布置图

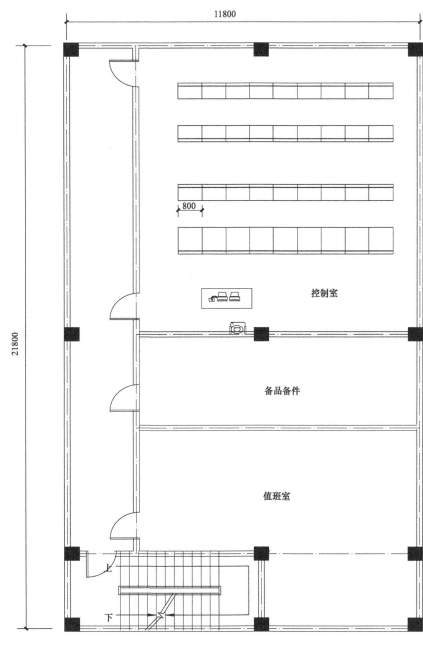

图 9-7 储能升压站三层平面布置图

9.3.2 20-B-10 方案

20-B-10 方案主要技术条件见表 9-4。

表 9-4 20-B-10 方案主要技术条件

序号	项目		技术条件
1	设计容量		20.16MW/35.2MWh
2	储能单元	储能单元	1.26MW/2.2MWh，两个储能单元构成一个预制舱式储能电池，舱体长×宽 12200mm×2800mm
3	储能升压单元	PCS 升压变压器 环网柜	630kW 户内干式变压器，2800kVA，10.5±2×2.5％/0.38kV，U_d＝6.5％ 负荷开关 12kV，20kA
4	汇流母线	接线形式 配电装置	10kV 汇流母线采用单母线三分段接线 选用 10kV 金属铠装移开式开关柜，1250A，25kA
5	站用变压器		630kVA，户内干式变压器，10.5±2×2.5％/0.4kV，U_d＝6％
6	布置形式		户外预制舱储能电池背靠背布置，设置综合楼一栋，一层布置储能升压单元；二层布置二次设备室，10kV 配电装置室等功能用房
7	二次系统		全站采用模块化二次设备；储能电站计算机监控系统按照一体化监控设计；10kV 采用保护测控集成装置； 采用一体化电源系统，通信电源不单独设置
8	土建部分		围墙内占地面积 3022.5m²；全站总建筑面积 422m²；消防水池有效容积 351m³

方案图纸见图 9-8～图 9-11，其中图 9-8 见文后插页。

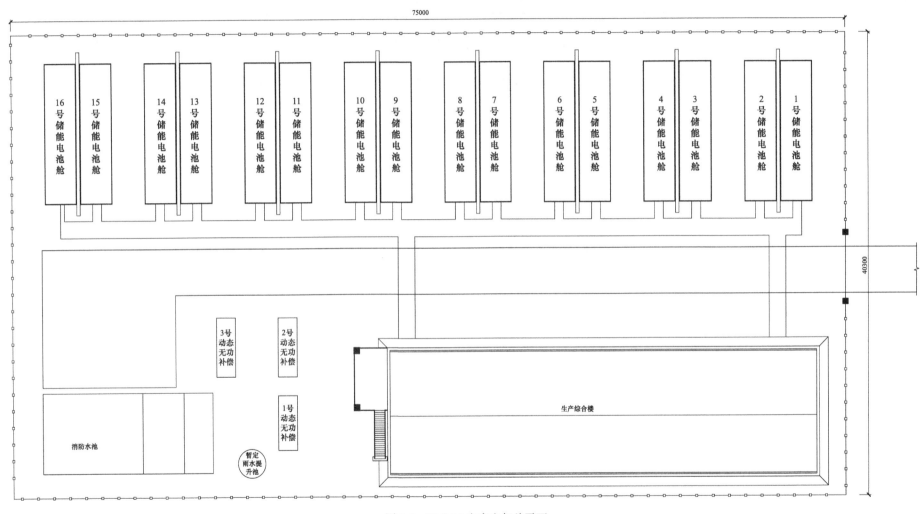

图 9-9　20-B-10 方案电气总平面

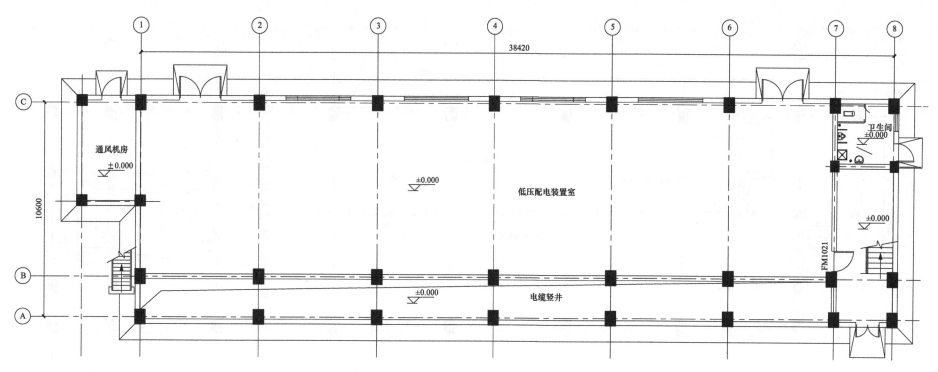

图 9-10 20-B-10 方案生产综合楼一层平面布置图

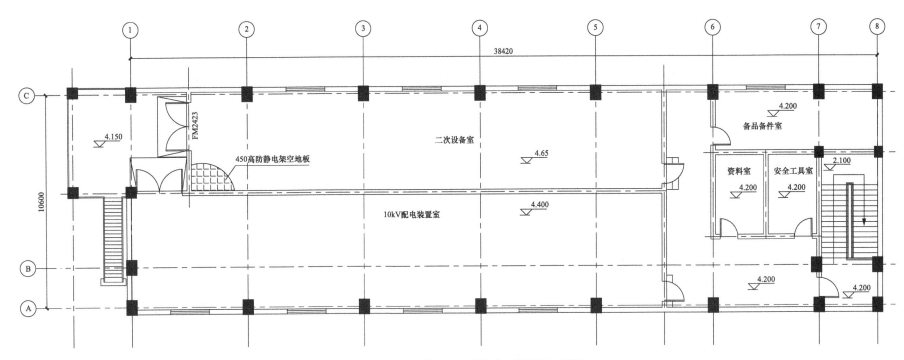

图 9-11 20-B-10 方案生产综合楼二层平面布置图

9.3.3　20-B-35 方案

20-B-35 方案主要技术条件见表 9-5。

表 9-5　　　　　　　　　　　　　　　　　　　　　　　　　　**20-B-35 方案主要技术条件**

序号	项目		技术条件
1	设计容量		20.16MW/35.2MWh
2	储能单元	储能单元	1.26MW/2.2MWh，两个储能单元构成一个预制舱式储能电池，舱体长×宽 12200mm×2800mm
3	储能升压单元	PCS 升压变压器 环网柜	630kW 户内干式变压器，2800kVA，35±2×2.5%/0.38kV，U_d=6.5% 负荷开关 40kV，31.5kA
4	汇流母线	接线形式 配电装置	35kV 汇流母线采用单母线分段接线 选用 35kV 金属铠装移开式开关柜，1250A，25kA
5	站用变压器		1600kVA，户内干式变压器，37±2×2.5%/0.4kV，U_d=8%
6	布置形式		户外预制舱储能电池背靠背布置，设置综合楼一栋，一层布置储能升压单元；二层布置二次设备室、10kV 配电装置室等功能用房
7	二次系统		全站采用模块化二次设备；储能电站计算机监控系统按照一体化监控设计；35kV 采用保护测控集成装置； 采用一体化电源系统，通信电源不单独设置
8	土建部分		围墙内占地面积 3308.4m²；全站总建筑面积 548m²，消防水池有效容积 351m³

方案图纸见图 9-12～图 9-15。

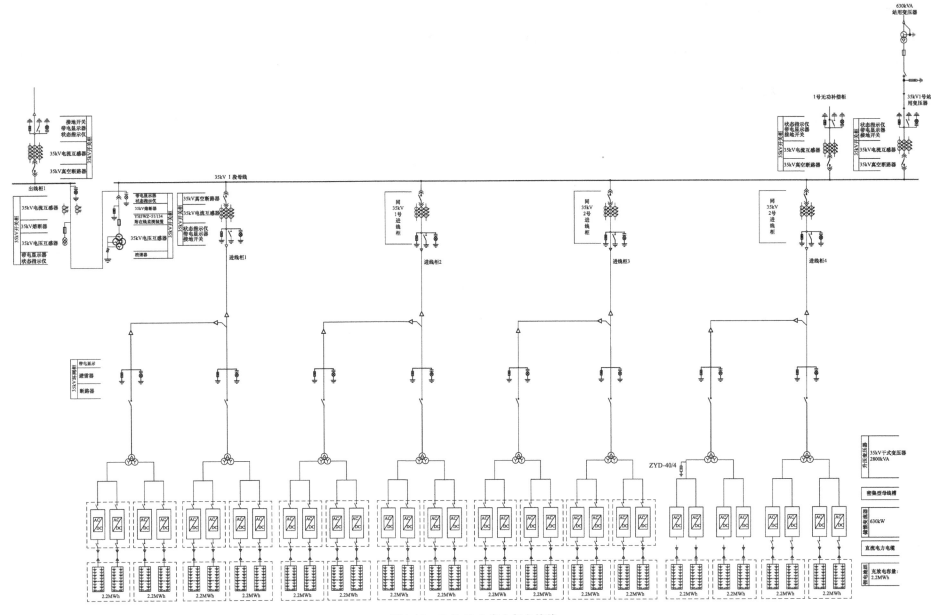

图 9-12　20-B-35 方案电气主接线

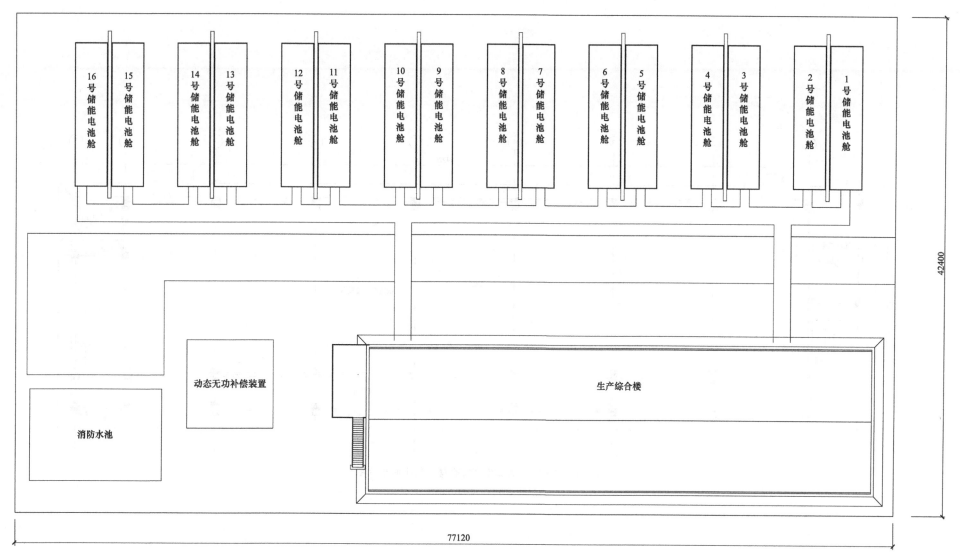

图 9-13　20-B-35 方案电气总平面图

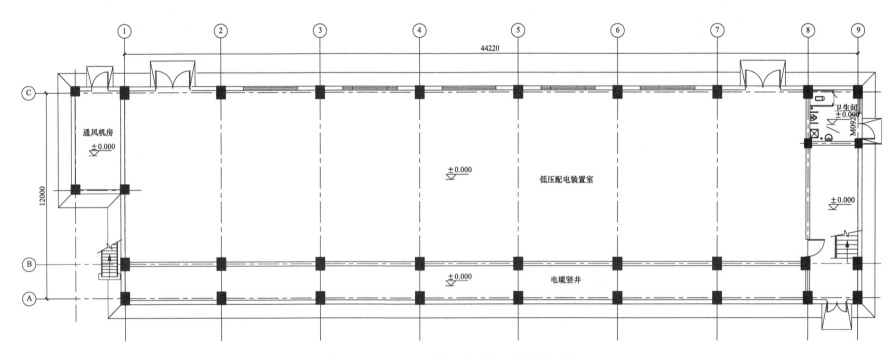

图 9-14　20-B-35 方案生产综合楼一层平面布置图

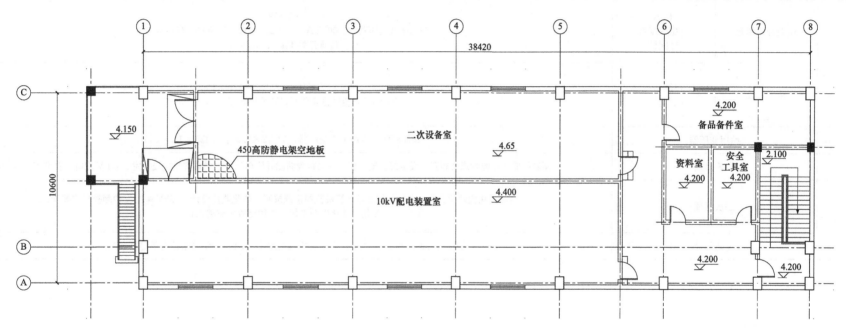

图 9-15　20-B-35 方案生产综合楼二层平面布置图

9.3.4 40-B-35 方案

40-B-35 方案主要技术条件见表 9-6。

表 9-6   40-B-35 方案主要技术条件

序号	项目		技术条件
1	设计容量		40.32MW/70.4MWh
2	储能单元	储能单元	1.26MW/2.2MWh，两个储能单元构成一个预制舱式储能电池，舱体长×宽 12200mm×2800mm
3	储能升压单元	PCS 升压变压器 环网柜	630kW 户内干式变压器，2800kVA，$35\pm2\times2.5\%/0.38kV$，$U_d=6.5\%$ 负荷开关 40kV，31.5kA
4	汇流母线	接线形式 配电装置	35kV 汇流母线采用单母线分段接线 选用 35kV 金属铠装移开式开关柜，1250A，40.5kA
5	站用变压器		1600kVA，户内干式变压器，$37\pm2\times2.5\%/0.4kV$，$U_d=8\%$
6	布置形式		户外预制舱储能电池背靠背布置，设置综合楼一栋，一层布置储能升压单元；二层布置二次设备室、35kV 配电装置室等功能用房
7	二次系统		全站采用模块化二次设备；储能电站计算机监控系统按照一体化监控设计；35kV 采用保护测控集成装置； 采用一体化电源系统，通信电源不单独设置
8	土建部分		围墙内占地面积 5668.4m²；全站总建筑面积 2138.4m²，消防水池有效容积 351m³

方案图纸见图 9-16～图 9-19，其中图 9-16 见文后插页。

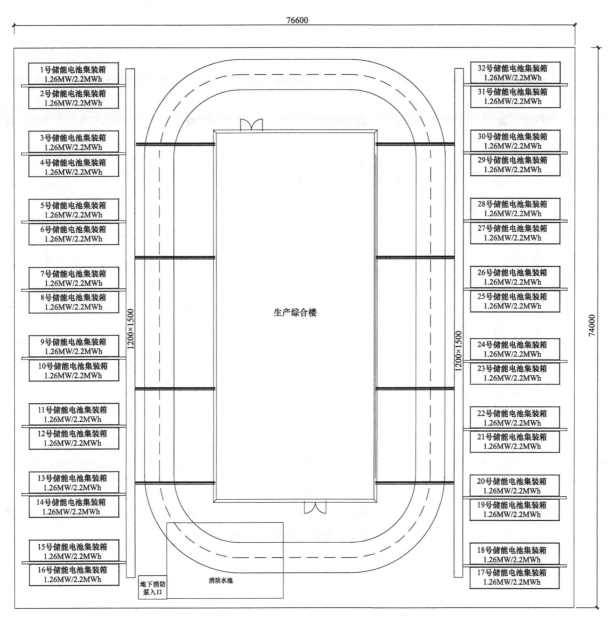

图 9-17 40-B-35 方案电气总平面图

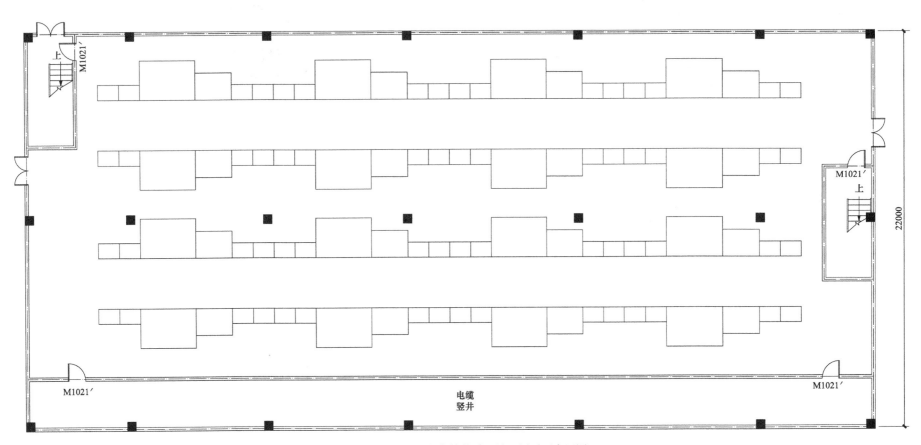

图 9-18　40-B-35 方案储能升压站一层平面布置图

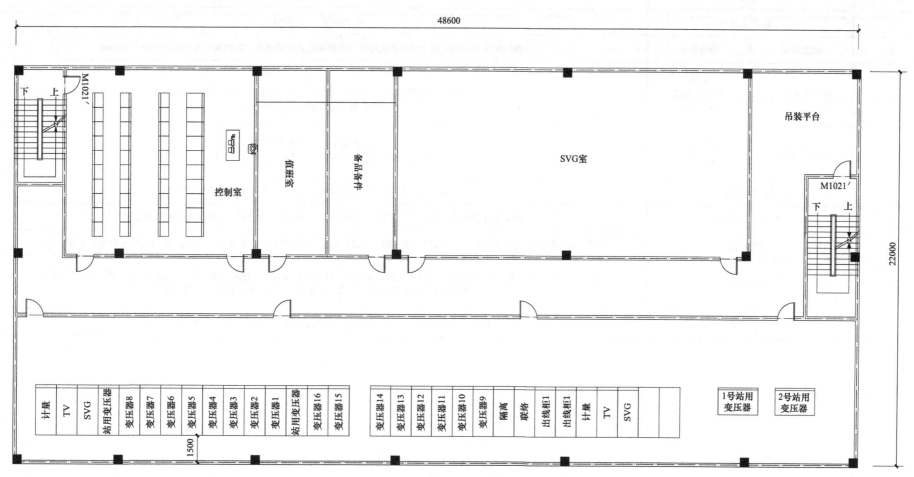

图 9-19　40-B-35方案储能升压站二层平面布置图

9.3.5 40-B-110 方案

40-B-110 方案主要技术条件见表 9-7。

表 9-7   **40-B-110 方案主要技术条件**

序号	项目		技术条件
1	设计容量		40.32MW/70.4MWh
2	储能单元	储能单元	1.26MW/2.2MWh，两个储能单元构成一个预制舱式储能电池，舱体长×宽 12200mm×2800mm
3	储能升压单元	PCS 升压变压器 环网柜	630kW 户内干式变压器，2800kVA，$10.5\pm2\times2.5\%/0.4kV$，$U_d=6.5\%$ 负荷开关 12kV，20kA
4	汇流母线	接线形式 配电装置	10kV 汇流母线采用单母线分段接线 选用 10kV 金属铠装移开式开关柜，1250A，25kA
5	站用变压器		200kVA，户内干式变压器，$10\pm2\times2.5\%/0.4kV$，$U_d=4\%$
6	110kV 升压站		110kV 升压站采用全户内布置方案，配置两台 31.5MVA 主变压器，110kV 采用单母线分段接线
7	布置形式		户外预制舱储能电池背靠背布置，设置综合楼一栋，一层布置储能升压单元；二层布置二次设备室、10kV 配电装置室等功能用房
8	二次系统		全站采用模块化二次设备；储能电站计算机监控系统按照一体化监控设计；主变压器采用保护、测控独立装置，110kV、10kV 采用保护测控集成装置；采用一体化电源系统，通信电源不单独设置
9	土建部分		围墙内占地面积 7488m²；全站总建筑面积 1711m²，消防水池有效容积 486m³

方案图纸见图 9-20～图 9-23，其中图 9-20 见文后插页。

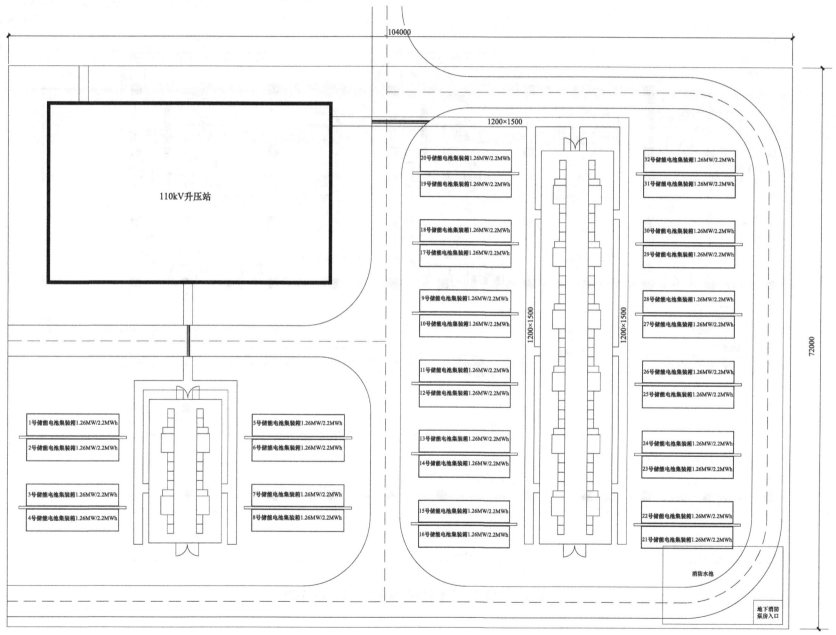

图 9-21　40-B-110 方案电气总平面图

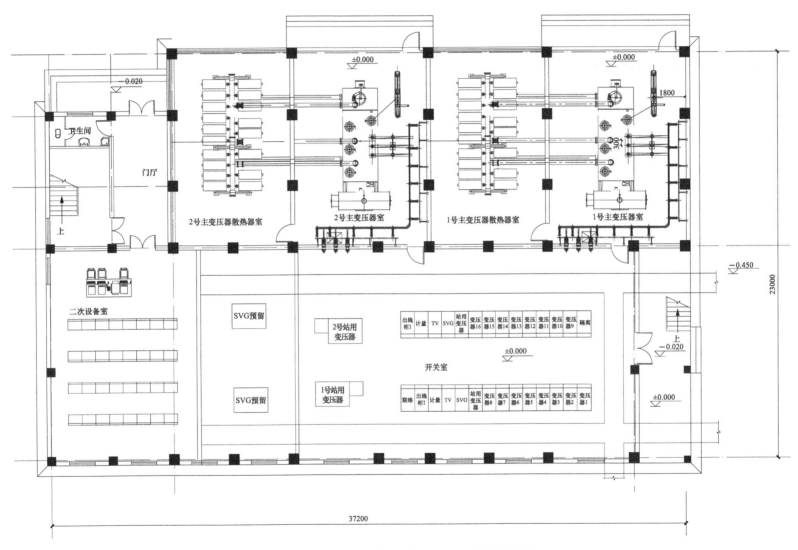

±0.000

−0.020

1800

300

±0.000

卫生间

门厅

上

2号主变压器散热器室

2号主变压器室

1号主变压器散热器室

1号主变压器室

二次设备室

SVG预留

2号站用变压器

SVG预留

1号站用变压器

开关室

±0.000

−0.450

上

−0.020

±0.000

23000

37200

出线柜1	计量	TV	SVG	站用变压器	变压器16	变压器15	变压器14	变压器13	变压器12	变压器11	变压器10	变压器9	隔离

联络	出线柜1	计量	TV	SVG	站用变压器	变压器8	变压器7	变压器6	变压器5	变压器4	变压器3	变压器2	变压器1

图 9-22　40-B-110 方案 110kV 变电站一层平面布置图

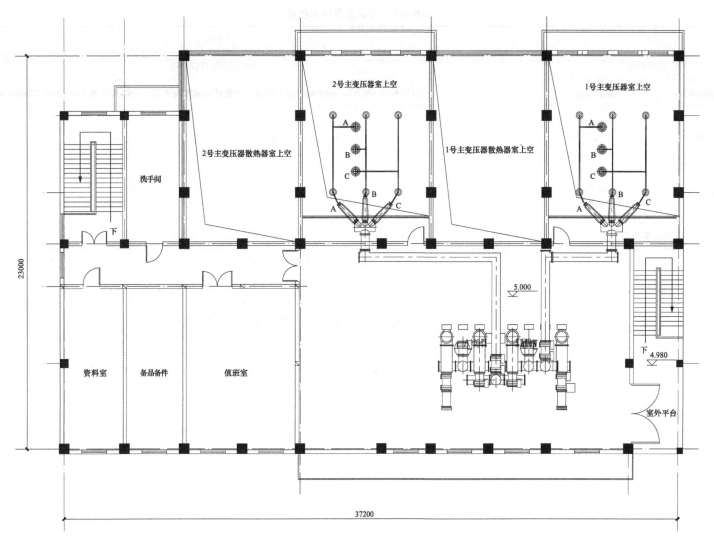

图 9-23 40-B-110 方案 110kV 变电站二层平面布置图

9.3.6　100-B-110 方案

100-B-110 方案主要技术条件见表 9-8。

表 9-8 　　　　　　　　　　　　　　　　　　　　　　　**100-B-110 方案主要技术条件**

序号	项目		技术条件
1	设计容量		100.8MW/176MWh
2	储能单元	储能单元	1.26MW/2.2MWh，两个储能单元构成一个预制舱式储能电池，舱体长×宽 12200mm×2800mm
3	储能升压单元	PCS 升压变压器 环网柜	630kW 户内干式，2800kVA，10.5±2×2.5%/0.4kV，U_d=6.5% 负荷开关 12kV，20kA
4	汇流母线	接线形式 配电装置	10kV 汇流母线采用单母线四分段接线 选用 10kV 金属铠装移开式开关柜，1250A，25kA
5	站用变压器		200kVA，户内干式，10.5±2×2.5%/0.4kV，U_d=4%
6	110kV 升压站		110kV 升压站采用全户内布置方案，配置两台 63MVA 主变压器，110kV 采用单母线分段接线
7	布置形式		户外预制舱储能电池背靠背布置，升压单元就地布置于建筑物内，同时与 110kV 升压站合建
8	二次系统		全站采用模块化二次设备；储能电站计算机监控系统按照一体化监控设计；主变压器采用保护、测控独立装置， 110、10kV 采用保护测控集成装置；采用一体化电源系统，通信电源不单独设置
9	土建部分		围墙内占地面积 18312m²；全站总建筑面积 1233m²，消防水池有效容积 486m³

方案图纸见图 9-24～图 9-27，其中图 9-24 和图 9-25 见文后插页。

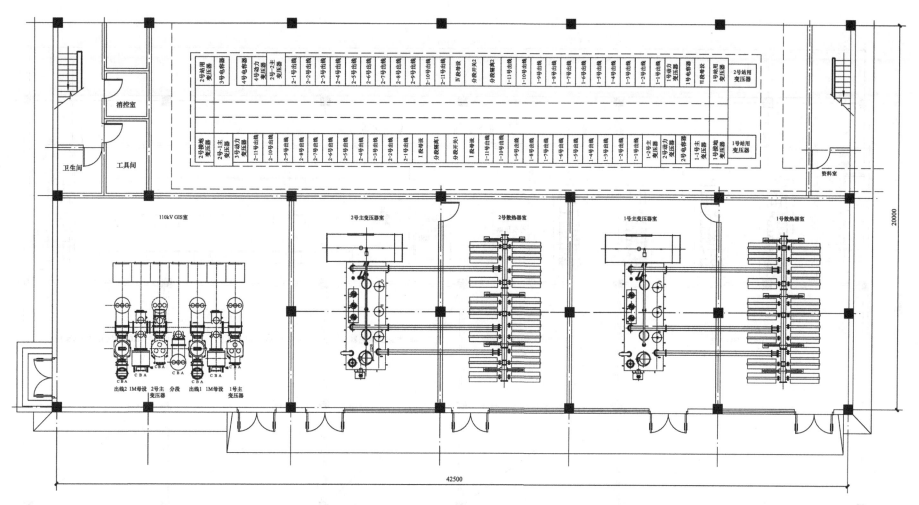

图 9-26 100-B-110 方案 110kV 变电站一层平面布置图

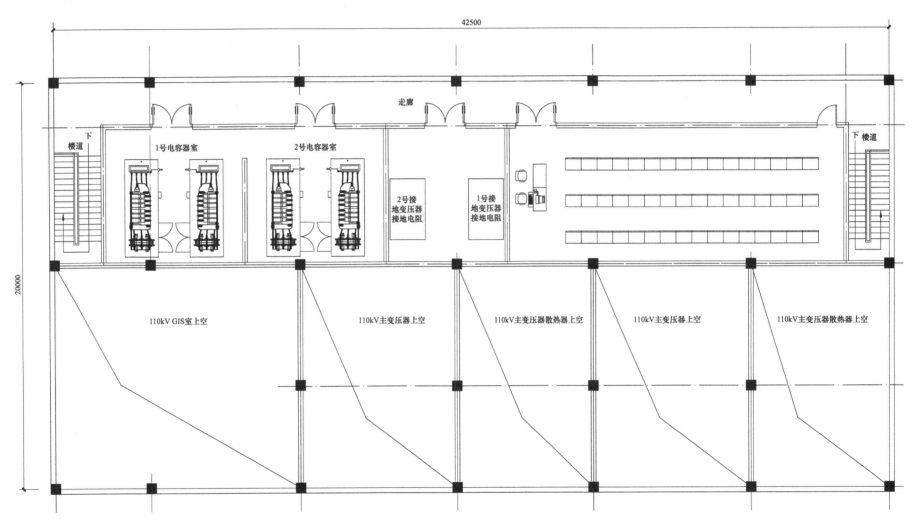

图 9-27　100-B-110 方案 110kV 变电站二层平面布置图

9.3.7 100-B-220 方案

100-B-220 方案主要技术条件见表 9-9。

表 9-9 100-B-220 方案主要技术条件

序号	项目		技术条件
1	设计容量		100.8MW/176MWh
2	储能单元	储能单元	1.26MW/2.2MWh,两个储能单元构成一个预制舱式储能电池,舱体长×宽 12200mm×2800mm
3	储能升压单元	PCS 升压变压器 环网柜	630kW 户内干式变压器,2800kVA,10.5±2×2.5%/0.4kV,U_d=6.5% 负荷开关 12kV,20kA
4	汇流母线	接线形式 配电装置	10kV 汇流母线采用单母线四分段接线 选用 10kV 金属铠装移开式开关柜,1250A,25kA
5	站用变压器		200kVA,户内干式变压器,10±2×2.5%/0.4kV,U_d=4%
6	110kV 升压站		220kV 升压站采用全户内布置方案,配置两台 180MVA 主变压器,220kV 采用线变组接线
7	布置形式		户外预制舱储能电池背靠背布置,升压单元就地布置于建筑物内,同时与 220kV 升压站合建
8	二次系统		全站采用模块化二次设备;储能电站计算机监控系统按照一体化监控设计;220kV 及主变压器采用保护、测控独立装置, 220kV 采用保护测控集成装置;采用一体化电源系统,通信电源不单独设置
9	土建部分		围墙内占地面积 18312m²;全站总建筑面积 1299m²,消防水池有效容积 486m³

方案图纸见图 9-28～图 9-31，其中图 9-28 和图 9-29 见文后插页。

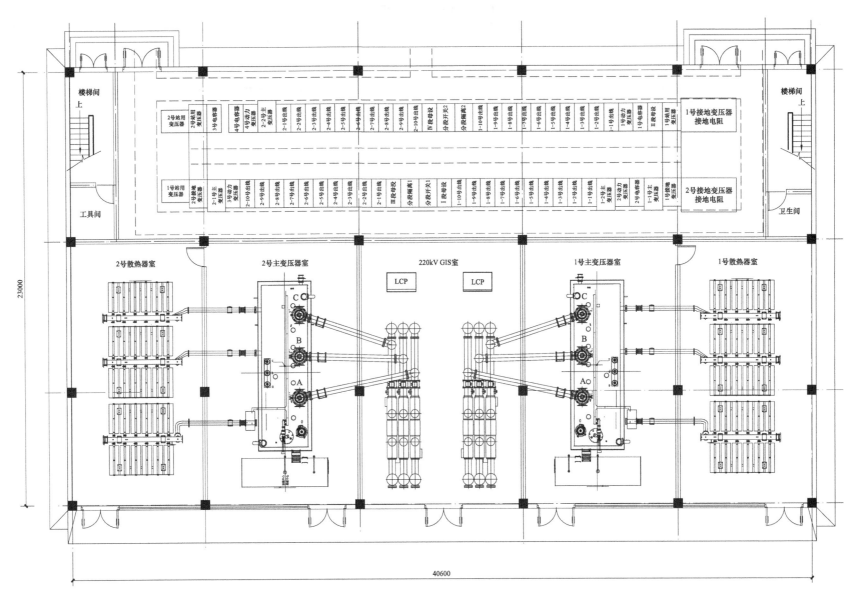

图 9-30　100-B-220 方案一层平面布置图

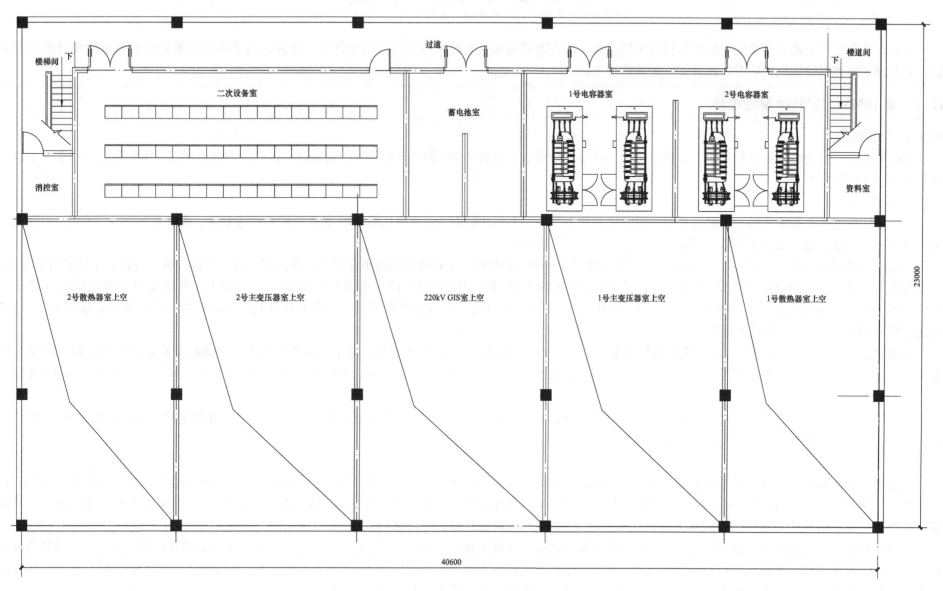

楼梯间

下

消控室

二次设备室

过道

蓄电池室

1号电容器室

2号电容器室

楼道间

下

资料室

2号散热器室上空

2号主变压器室上空

220kV GIS室上空

1号主变压器室上空

1号散热器室上空

23000

40600

图 9-31 100-B-220 方案二层平面布置图

本章以实际工程中的三个储能电站作为设计实例工程，从方案说明和主要技术方案图纸两个部分，详细分析了不同类型的储能电站的设计细节和参数，为多种不同类型储能电站的设计提供实际经验的参考。

10.1 某 16MW/32MWh 储能电站

10.1.1 方案说明

为缓解地区电网迎峰度夏的供电压力，满足电网的调峰调频需求，为未来新能源的规模开发创造条件，因此在该地区建设一批储能电站，实例中介绍的为其中一个储能电站。

1. 一次部分

磷酸铁锂电池具有高安全性，因此使用磷酸铁锂电池作为本储能电站的储能电池。电化学储能系统主要由储能电池、电池管理系统（BMS）、储能变流器（PCS）、协调控制系统（PMS）、汇流变压器等设备和系统构成。

本储能电站站址为长方形场地，面积 $3813m^2$，建设规模 16MW/32MWh。采用全预制舱布置形式，各预制舱成列布置，进站道路位于储能电站南侧。

根据系统规划，采用双回 10kV 线路接入 110kV 某变电站的 10kV 侧，10kV 侧采用单母线分段接线。每个储能电池单元通过电池屏柜并联形成 2MWh 电池单元，分别通过 2 个 500kW PCS 柜后经过低压进线柜接至升压分裂变压器的低压侧。每台升压分裂变压器配置 1MW 储能电池单元，8 个升压变压器分别接至 10kV 配电装置汇流。

本电站总计 16 个电池预制舱、16 个交直流转换舱、2 个 10kV 预制舱、1 个总控预制舱。其中，储能电池柜、电池控制柜布置于预制舱式储能电池中，PCS 柜、升压变压器、低压交流汇流柜单独布置于交直流转换预制舱中，交流并网柜、无功补偿装置柜、母线设备柜、计量柜、站用变压器柜布置于 10kV 预制舱。

电池储能系统低压变压器采用单元配置方式，每 8MW 储能单元配置一台 10/0.4kV 辅助系统低压变压器，为电池预制舱、交直流转换舱、10kV 预制舱、总控预制舱提供辅助用电（照明、暖通、检修等），容量为 630kVA。

2. 二次部分

储能电站直流侧不配置单独的保护装置，直流侧的保护由储能变流器（PCS）及电池管理系统（BMS）来实现。10kV 馈线、站用变压器、SVG、分段配置过流保护，10kV 并网线配置分相光纤电流差动保护，10kV 母线配置方向过流保护采用保测一体装置，就地安装于 10kV 开关柜。本站配置 1 套故障录波系统、防孤岛保护装置、故障解列装置，以及独立的保护与故障信息管理子站系统。

本站由省调直接调度指挥，远动信息送至江苏省调和镇江地调。全站配置 1 套计算机监控系统，实现对储能电站的监视和控制，并根据其功能定位实现削峰填谷、系统调频、无功支撑等控制策略。计算机监控系统由站控层、间隔层和网络设备等构成。每个储能单元配置 1 套就地监测系统，主要采集 BMS、PCS、升压变压器、环网柜的遥信、遥测等信息，通过规约转换后上送至站端计算机监控系统，同时接收监控系统的控制指令。

本站接入江苏源网荷储系统，在储能电站配置智能网荷互动终端，终端接收精准切负荷主站指令，在特高压故障时控制 PCS 由充电（热备）工作状态至向电网放电工作状态的切换，实现储能电站向电网倒送电功能。

本站还配置了相量测量装置（PMU）、电能质量在线监测装置、时间同步系统、交直流一体化电源系统、智能辅助控制系统等。

本站按无人值班运行管理模式设计，主要二次设备集中组柜布置于智能总控舱，10kV保护测控装置就地布置于汇流舱开关柜内。

3. 土建部分

电站场地形状为矩形，站区内成列布置各预制舱，中间设置L形道路，电站利用内部道路，从东侧进站。

本工程采用全户外预制舱布置，无生产、生活建筑物。全站电池舱及基础均属于构筑物，无建筑物。站内管沟布置经统筹规划，避免过分集中和过多交叉，使之走径顺直短捷，节省投资和占地。电缆沟采用钢筋混凝土结构，每9～15m设置一道伸缩缝，沟底按0.5％坡度接排水系统。过道路部分采用埋管方式，电缆出线到站址外采用电缆沟方式。

本期新增道路由原站外路面接引，采用厂矿道路，混凝土路面。站区大门至主设备的运输道路宽度4m，兼做消防道路，采用公路型道路，混凝土路面，道路路面标高高出场地标高150mm。储能站内场地除构筑物外，空余场地利用混凝土硬化。结合现有场地和工期，设备基础及室外电缆沟采用混凝土结构。根据场地内地基土的工程特性、分布规律、埋藏条件等，结合站内建（构）筑物的特点，本工程的主要构筑物采用天然地基，超挖部分采用砂石换填。道路下回填土及室内地坪回填土，采用砂石回填。

场地设计标高、设备基础等设施标高应满足防洪、防涝规程及规范要求。储能电站无人值守，站区平时用水较少，主要是提供临时检修人员生活用水。本工程不设给水系统，电站不包括生活污水、生产废水（含油污水）部分。雨水采用有组织排水，雨水排水通过雨水管网，汇集至雨水泵站后排入就近水体或雨水管网。

10.1.2 技术方案图纸

方案图纸见图 10-1～图 10-3，其中图 10-1 见文后插页。

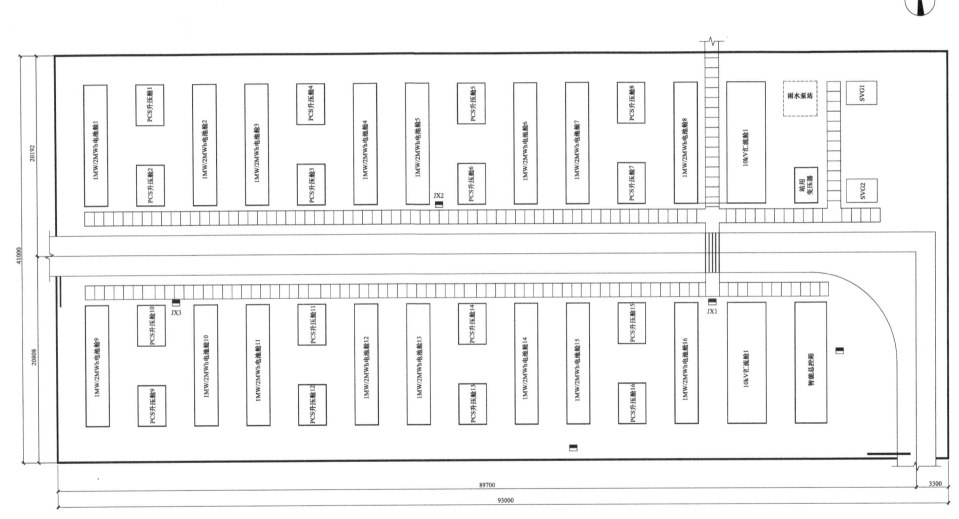

图 10-2 某 16MW/32MWh 储能电站电气总平面

屏柜用途一览表

编号	屏柜名称	数量			
		本期	远景	预留	小计
1	调度数据网设备柜	1	0	0	1
2	远动通信设备柜	1	0	0	1
3	公用测控柜	1	0	0	1
4	时间同步主机柜	1	0	0	1
5	电能采集及质量监测柜	1	0	0	1
6	故障录波柜	1	0	0	1
7	安全自动装置柜	1	0	0	1
8	继电保护故障信息管理柜	1	0	0	1
9	源网荷设备柜	1	0	0	1
10	智能辅助控制系统柜	1	0	0	1
11	通信设备柜	1	0	0	1
12	消防主机柜	1	0	0	1
13	备用	0	0	1	1
14	监控主机(服务器)柜	1	0	0	1
15	交流进线柜	1	0	0	1
16	交流馈线柜	1	0	0	1
17	整流充电柜1	1	0	0	1
18	直流馈线柜1	1	0	0	1
19	直流馈线柜2	1	0	0	1
20	整流充电柜2	1	0	0	1
21	UPS电源柜	1	0	0	1
22	蓄电池柜1	1	0	0	1
23	蓄电池柜2	1	0	0	1
24	调度管理信息柜	1	0	0	1

图 10-3　某 16MW/32MWh 储能电站总控预制舱屏柜布置图

10.2 某110.88MW/193.6MWh储能电站

10.2.1 方案说明

为提升区域电网事故响应能力和局部分区供电能力，考虑在已退役的220kV变电站站址新建某储能电站。本储能电站的设计和建设完全参考了本书的设计原则和典型设计方案。

1. 一次部分

根据系统接入方案，本工程通过4回35kV线路接入220kV某变电站35kV侧，储能35kV侧采用单母线分段接线。

本工程储能规模为110.88MW/193.6MWh，占地面积20813㎡，采用半户内布置方案，全厂区主要由4个储能升压区域及一座单层综合楼组成。

储能电站共配置88组预制舱式储能电池，每组预制舱式储能电池功率/容量为1.26MW/2.2MWh，包含两个容量为1.1MWh的储能单元，每个储能单元连接1台功率为630kW的储能变流器（PCS），4台储能变流器（PCS）两两并联分别接入1台容量为2800kVA双分裂升压变压器的低压侧两个分裂臂上，形成1个升压单元，储能电站共形成44个升压单元。35kV远期和本期均采用两组单母线分段接线，每段35kV母线接入5～6回储能升压单元。整个储能系统配置2台3150kVA站用变压器。

站址由环形道路主要分隔成6个区，进站大门位于站区北侧中部位置。南面4个区是预制舱式储能电池区，用于布置预制舱式储能电池和就地升压变室；北面2个区域布置综合用房位、消防泵房及消防水池等。就地升压变室由储能变流升压单元及35kV配电装置两部分组成，综合用房主要由二次设备室、展厅、辅助用房组成。

2. 二次部分

储能电站直流侧不配置单独的保护装置，直流侧的保护由储能变流器（PCS）及电池管理系统（BMS）来实现。35kV馈线、站用变压器、分段配置过流保护，35kV并网线配置分相光纤电流差动保护，采用保测一体装置，就地安装于35kV开关柜。35kV母线配置差动保护、防孤岛保护和故障解列装置。本站配置1套故障录波系统。

本站按无人值班、有人值守运行管理方式设计，由省调直接调度指挥，远动信息送至江苏省调和苏州地调。全站配置1套计算机监控系统，实现对储能电站的监视和控制，并根据其功能定位实现削峰填谷、系统调频、无功支撑等控制策略。计算机监控系统由站控层、间隔层和网络设备等构成，站控层采用星形双网结构。每个储能区域配置1套就地监控系统，通过就地交换机组成就地监控双网，BMS、PCS（CCU）接入就地监控网中，升压变压器、环网柜等信号通过就地测控装置接入就地监控网。就地监控系统通过就地监控网络实现对PCS、BMS的就地监视，为调试和运维提供便利。本站配置1套PCS协调控制系统，实现一次调频功能（AGC、AVC仍由监控系统实现）。

生产控制大区与管理信息大区之间配置正、反向电力专用物理隔离装置各1套；安全Ⅰ区、Ⅱ区之间配置2台横向隔离防火墙；Ⅰ区配置主备2台纵向加密认证装置；Ⅱ区配置主备2台纵向加密认证装置；Ⅱ区部署一套网络安全监测装置。

本站接入江苏源网荷储系统，配置1套智能网荷互动终端，与监控系统、PCS协调控制系统配合，实现源网荷储紧急控制。本站配置1套储能信息子站系统，实现PCS、BMS全量数据采集及故障重现功能。

本站还配置了相量测量装置（PMU）、电能质量在线监测装置、时间同步系统、交直流一体化电源系统、智能辅助控制系统等。每个电池舱配置2台红外测温高清摄像头，可精准监测电池表面温度，并实现异常报警。

3. 土建部分

本储能电站本体工程站址地区地势较平坦，视野开阔。本期新建储能电站共分为四个储能区域。电站大门朝北，进站道路由门口已有水泥路引接，交通便利，满足站内预制舱式储能电池等大件运输要求。主要建（构）筑物包括综合用房、1号就地升压变室、2号就地升压变室、3号就地升压变室、4号就地升压变室、值班室、预制舱式储能电池基础、防火墙、消防水泵房及水池等。预制舱式储能电池平面尺寸为12.2m×2.8m，采用现浇钢筋混凝土基础。防火墙功能为将相邻预制舱式储能电池隔开，防火墙宽出电池舱两边各1m，高出电池舱顶1m，防火墙宽14.2m，高4m。防火墙基础采用现浇钢筋混凝土基础，埋深同预制舱式储能电池基础。站区地势平坦，区域高程一般为2.45～2.65m，场地设计采用平坡式，排水方式采用有组织排水，建构筑物周围的水排至道路两边的雨水井。场地设计标高定为2.63m。

储能电站设置一套经当地消防部门认证的火灾自动报警系统。火灾自动报警系统设备包括火灾报警控制器、探测器、控制模块、信号模块、手动报警按钮等。火灾探测区域有：综合用房各房间、就地升压变压器室等设有易起火设备的房间。根据探测区域的不同，配置不同类型和原理的探测器。报警控制器安装在消控室内，火灾探测报警控制系统对火灾进行监测，并发出警报。

10.2.2 技术方案图纸

方案图纸见图 10-4～图 10-6，其中图 10-4、图 10-5 见文后插页。

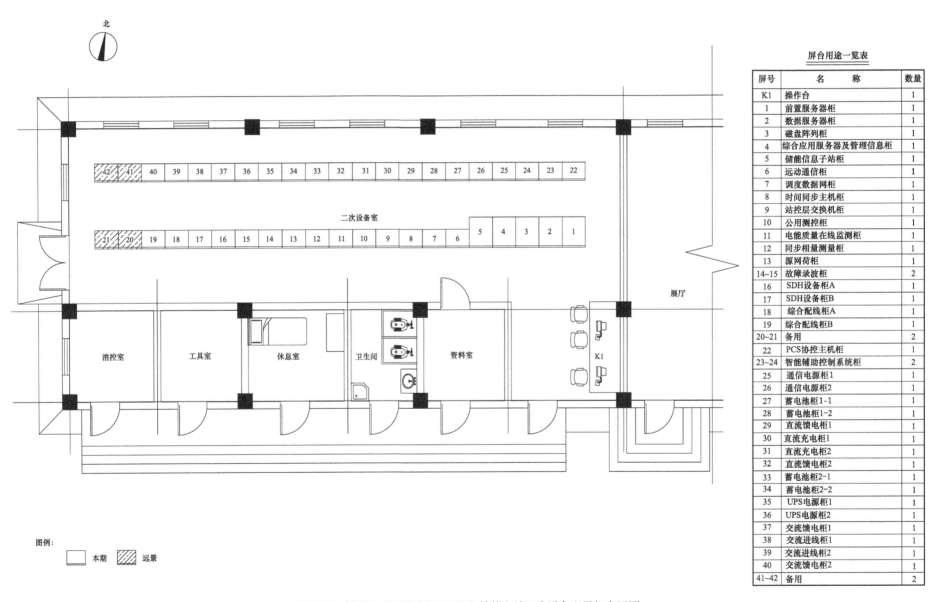

屏台用途一览表

屏号	名　　称	数量
K1	操作台	1
1	前置服务器柜	1
2	数据服务器柜	1
3	磁盘阵列柜	1
4	综合应用服务器及管理信息柜	1
5	储能信息子站柜	1
6	远动通信柜	1
7	调度数据网柜	1
8	时间同步主机柜	1
9	站控层交换机柜	1
10	公用测控柜	1
11	电能质量在线监测柜	1
12	同步相量测量柜	1
13	源网荷柜	1
14～15	故障录波柜	2
16	SDH设备柜A	1
17	SDH设备柜B	1
18	综合配线柜A	1
19	综合配线柜B	1
20～21	备用	2
22	PCS协控主机柜	1
23～24	智能辅助控制系统柜	2
25	通信电源柜1	1
26	通信电源柜2	1
27	蓄电池柜1-1	1
28	蓄电池柜1-2	1
29	直流馈电柜1	1
30	直流充电柜1	1
31	直流充电柜2	1
32	直流馈电柜2	1
33	蓄电池柜2-1	1
34	蓄电池柜2-2	1
35	UPS电源柜1	1
36	UPS电源柜2	1
37	交流馈电柜1	1
38	交流进线柜1	1
39	交流进线柜2	1
40	交流馈电柜2	1
41～42	备用	2

图 10-6　某 110.88MW/193.6MWh 储能电站二次设备室屏柜布置图

10.3 某 15MW/45MWh 梯次储能电站

10.3.1 方案说明

将退役动力电池应用到电网侧梯次利用储能电站，目前在国内乃至国际上还鲜有工程实例，考虑到磷酸铁锂电池的经济性与安全性等多种因素，该梯次利用储能电站工程采用退役的磷酸铁锂电池，满功率放电时长为 3h，建设总容量为 15MW/45MWh。该项目为示范工程性质，力求为大规模动力电池梯次利用提供一整套经济、安全、绿色的解决方案。

1. 一次部分

根据接入系统方案，本工程通过 3 回 10kV 线路接入 220kV 某变电站的 10kV 侧母线。

该梯次储能电站采用半户内布置方案。每四个预制舱围绕十字形防火墙背靠背布置，预制舱布置于储能电站东侧、西侧和南侧。生产综合楼内放置 PCS 装置、升压变压器及 10kV 高压开关柜。户外放置 60 组预制舱式储能电池，每组预制舱式储能电池配置 1 组 250kW 磷酸铁锂电池，通过 1 个 250kW PCS 柜并联接至 1250kVA 升压变压器上，每台升压变压器低压侧接入 4 台 250kW PCS。

为进一步加强系统侧储能电站电能量管理，减少运营损耗，需要对储能电站各系统用电情况进行全面监测。因此，在储能电站内，配置一套分项电能量计量系统，用以对储能各环节用电情况进行全面的把控，以便后期改进设备，优化设计方案，降低电能量损耗；同时，站内采用了远程数据采集，对储能电站的管控模式按"两级部署，两级管控"的模式进行运行监管，实现对今后多个储能电站进行统一运营监控、统一调度指挥、统一数据管理，达到优化用工结构和管控模式，实现少人值守及无人值守，保障电站财物和设备的安全，提高电站运营的远程管控能力，降低电站运营成本，提升电站运营效益。

2. 二次部分

储能电站直流侧不配置单独的保护装置，直流侧的保护由储能变流器（PCS）及电池管理系统（BMS）来实现。10kV 馈线、站用变压器配置过流保护，10kV 并网线配置分相光纤电流差动保护，采用保测一体装置，就地安装于 10kV 开关柜。10kV 母线配置差动保护、防孤岛保护和故障解列装置。本站配置 1 套故障录波系统。

本站按无人值班、有人值守运行管理方式设计，由省调直接调度指挥，远动信息送至江苏省调和南京地调。全站配置 1 套计算机监控系统，实现对储能电站的监视和控制，并根据其功能定位实现削峰填谷、系统调频、无功支撑等控制策略。计算机监控系统由站控层、间隔层和网络设备等构成，站控层采用星形双网结构。每个锂电 PCS 室配置 1 套就地监控系统，通过就地交换机组成就地监控双网，BMS、PCS 接入就地监控网中，升压变压器、环网柜等信号通过就地测控装置接入就地监控网。就地监控系统通过就地监控网络实现对 PCS、BMS 的就地监视，为调试和运维提供便利。

本站接入江苏源网荷储系统，配置智能网荷互动终端，实现源网荷储紧急控制。本站配置 1 套储能信息子站系统，实现 PCS、BMS 全量数据采集及故障重现功能。本站还配置相量测量装置（PMU）、电能质量在线监测装置、时间同步系统、交直流一体化电源系统、智能辅助控制系统等。每个磷酸铁锂电池舱配置 1 台红外测温高清摄像头，可精准监测电池表面温度，并实现异常报警。

3. 土建部分

本储能电站站址地块原为建设用地，站址区域现状自然地面高程 7.82～9.23m，地形自南向北倾斜。电站场地形状为矩形，本站区位于站址西北角，站区西侧及东侧成列布置预制舱式储能电池，东西两侧电池舱之间设置一生产综合楼。生产综合楼与电池舱之间设置环形消防通道，宽 4m，站区南侧设置一排电池舱。进站道路从东侧引进，长约 110m。站区东侧和南侧与后期场地之间采用绿化隔离带，其余两侧采用镂空围栏，大门为电动推拉门。站区新建一生产综合楼，站区西南侧新建一检修间。储能电站为无人值班，配合工艺专业方案，生产综合楼为四层建筑，总高度为 20.45m。生产综合楼两端各设置一室内疏散楼梯，通至各层，西北角设置3T货梯，通至各层，满足消防要求。生产综合楼内放置PCS装置、变压器、10kV高压开关柜及铅酸电池。生产综合楼东、西及南侧布置预制舱式储能电池，每组电池舱之间设置防火墙，预制舱式储能电池采用钢筋混凝土现浇基础。

10.3.2 技术方案图纸

方案图纸见图10-7～图10-9。

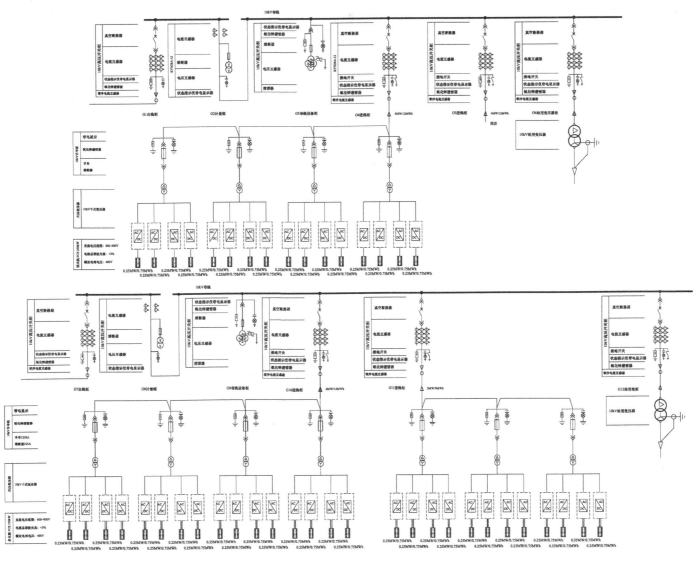

图10-7 某15MW/45MWh储能电站电气主接线图

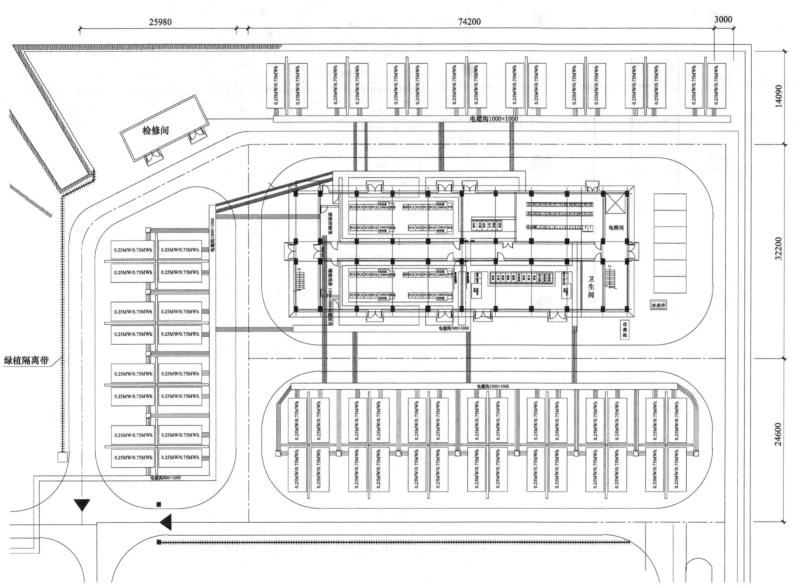

图 10-8　某 15MW/45MWh 储能电站电气总平面图

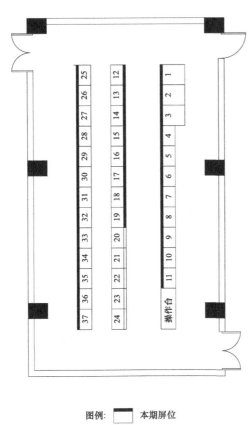

屏(柜)用 途 一 览 表

编号	设 备 名 称	数 量			
		本期	预留	备用	小计
1	监控主机柜	1	0	0	1
2	综合应用服务器及管理信息柜	1	0	0	1
3	储能信息子站柜	1	0	0	1
4	远动通信柜	1	0	0	1
5	调度数据网设备柜	1	0	0	1
6	时间同步系统柜	1	0	0	1
7	母线保护柜	1	0	0	1
8	防孤岛保护柜	1	0	0	1
9	故障录波柜	1	0	0	1
10	计量、PMU及电能质量监测柜	1	0	0	1
11	公用测控及交换机柜	1	0	0	1
12~13	智能辅助控制系统柜	2	0	0	2
14~15	源网荷设备柜	2	0	0	2
16	通信设备柜1	1	0	0	1
17	通信设备柜2	1	0	0	1
18	UPS及通信电源柜1	1	0	0	1
19	UPS及通信电源柜2	1	0	0	1
20~24	备用	0	0	5	5
25	交流馈线柜1	1	0	0	1
26	交流进线柜1	1	0	0	1
27	交流进线柜2	1	0	0	1
28	交流馈线柜2	1	0	0	1
29	直流馈线柜2	1	0	0	1
30	直流充电柜2	1	0	0	1
31	直流充电柜1	1	0	0	1
32	直流馈线柜1	1	0	0	1
33~36	蓄电池柜	4	0	0	4
37	一体化电源监控柜	1	0	0	1
	总计	32	0	5	37
	就地监控柜	4	0	0	4

图例: ■ 本期屏位

□ 备用屏位

图 10-9 某 15MW/45MWh 储能电站二次设备室屏柜布置图